全球变化与区域气象灾害风险评估丛书

未来城市模拟与暴雨洪涝评估：理论、模型与实践

程昌秀　戴开璇　张天媛
沈　石　耿佳辰　魏赞美　著

科学出版社
北　京

内 容 简 介

气候变暖和人类活动加剧了极端降水的频率和强度。城市暴雨洪涝问题日益突出，在一定程度上影响了区域水安全以及国家中长期发展战略。土地利用是影响城市暴雨洪涝风险的关键因素之一。面向土地利用变化的城市暴雨洪涝缓解能力评估方法逐步成为研究城市暴雨洪涝风险的重要工具。本书总结国内外经典的 6 类土地利用变化模拟模型，系统分析各模型的特点和适用性；引入城市暴雨洪涝缓解能力评估模型 SCS-CN 和 InVEST-UFRM，系统介绍土地利用对雨水下渗-地表径流影响的模型机理；最后，耦合上述两类模型，从中国—城市群—城市三个尺度，预测未来不同情景下研究区土地利用变化对城市暴雨洪涝缓解能力的影响，从城市暴雨洪涝风险视角为国土空间规划提供支撑。

本书适合从事土地利用模拟、城市暴雨风险评估、国土空间规划的学者和研究生阅读。

审图号：GS 京(2023) 1798 号

图书在版编目(CIP)数据

未来城市模拟与暴雨洪涝评估：理论、模型与实践/程昌秀等著. —北京：科学出版社，2024.1

(全球变化与区域气象灾害风险评估丛书)

ISBN 978-7-03-077767-6

Ⅰ. ①未… Ⅱ. ①程… Ⅲ. ①未来城市–暴雨–水灾–灾害防治–评估 Ⅳ. ①P426.616

中国国家版本馆 CIP 数据核字(2024) 第 002409 号

责任编辑：周　丹　沈　旭　李　洁/责任校对：郝璐璐

责任印制：张　伟/封面设计：许　瑞

科学出版社 出版

北京东黄城根北街 16 号

邮政编码：100717

http://www.sciencep.com

河北鑫玉鸿程印刷有限公司 印刷

科学出版社发行　各地新华书店经销

*

2024 年 1 月第　一　版　开本：720×1000　1/16

2024 年 1 月第一次印刷　印张：11

字数：222 000

定价：129.00 元

(如有印装质量问题，我社负责调换)

丛书序一

近年来，全球热浪、干旱、洪涝等气象灾害事件频发，气候变化影响日益显现。2022年联合国政府间气候变化专门委员会（IPCC）发布报告，指出气候变化的影响和风险日益增长，随着全球气温升幅走向1.5℃，世界将在今后20年面临多重灾害风险。世界气象组织2021年发布的《2020年全球气候状况》中强调：持续的气候变化、极端天气气候事件的发生频率和强度均呈显著增加趋势及其带来的重大损失和破坏，都正在影响着人类、经济和社会可持续发展。

国际社会已高度关注气候变化引起的灾害风险，并积极推进全球从灾后应对向灾害风险综合防范转变。《2015—2030年仙台减少灾害风险框架》中着重强调灾害风险管理，并将全面理解灾害风险各个维度列为第一优先研究领域。世界各国政府组织与科研机构，如美国联邦应急管理署、英国气候变化委员会、荷兰环境评估署（PBL）、德国波茨坦气候影响研究所等，都在不断加强重大气象灾害风险防范能力建设方面的工作。2021年，第26届联合国气候变化大会上，中美两国发表联合声明，认同气候危机的严重性，将进一步共同努力，实现《巴黎协定》中设定的将全球平均气温升幅努力限制在1.5℃之内的目标。

中国的气象灾害种类多、频次高、影响范围广，占所有自然灾害的70%以上，是造成社会经济损失最大的灾种之一。习近平总书记多次强调，加强自然灾害防治关系国计民生，要建立高效科学的自然灾害防治体系，提高全社会自然灾害防治能力。为加强气象灾害防御，保障经济和社会发展，全球及区域尺度的气象灾害风险评估方面也涌现了大量研究，如全球洪水人口风险评估研究、气候变暖对全球经济和人类健康风险评估研究、共享社会经济路径情景研究等。

在北京师范大学张强教授主持的国家重点研发计划项目“不同温升情景下区域气象灾害风险预估”（项目编号：2019YFA0606900）的资助下，近百名项目科研人员经过深入研究，系统评估了历史灾害发生规律及特点，面向未来评估了基于不同气候变化情景和共享社会经济路径下的气象灾害综合风险。研究成果揭示了气象灾害对社会经济和生态环境影响的过程和机制，构建出了区域极端气候事件模拟与灾害风险预估理论框架和技术体系，研制了灾害风险预估数据集和产品共享平台，朝着全面提升不同温升情景下区域气象灾害风险预估与综合防范能力迈进了重要一步。这些区域极端气候事件的模拟及风险预估模型，不同温升情景下（2.0℃及以上）高精度区域气象灾害风险图集及共享平台，无疑为中国应对全球气候变化及提升综合风险防范能力提供了关键科技支撑。相关成果可望为各行业、部门和相关研究者，特别是气候变化研究、自然灾害风险评估、水文气象灾害模拟、未来气候变化预估等工作提供最新的、系统的理论与数据支撑。

项目组邀请我为“全球变化与区域气象灾害风险评估丛书”撰序，我欣然应允，并祝贺“全球变化与区域气象灾害风险评估丛书”顺利出版，相信其对我国应对气候变化和气象灾害评估研究有示范作用和重要意义。

中国工程院院士

2022 年 3 月于北京

丛 书 序 二

气候变化和人类活动共同深刻地影响着流域水文循环及水资源演变过程与时空格局。自然变异及人类强迫共同促使多介质水行为中水汽输送、降水、蒸发、入渗、产流和汇流等重要水循环过程及其相互转化机制发生改变，进而改变全球水资源及自然灾害时空格局。近年来，以全球暖化为特征的气候变化显著改变了区域乃至全球尺度的水循环过程，导致洪涝、干旱等水文气象灾害频发，给经济社会发展造成了重大损失，严重影响了经济社会可持续发展。

2018 年，IPCC 组织发布的《全球 1.5℃温升特别报告》指出，全球温度升高 2.0℃的真实影响将比预测中的更为严重，若将目标调整为 1.5℃，人类将能避免大量气候变化带来的损失与风险。所以在当前全球气候变暖的影响下，水文气象灾害在未来不同温升情景下发生发展的不确定性及其重大灾害效应已成为国家及区域可持续发展的重大科技需求。中国区域季风气候系统构成复杂，生态脆弱，灾害频发，水热交换频繁。近几十年来，大量研究表明，中国极端降水、干旱等气象灾害事件呈增加趋势，给河道安全、农业生产和社会经济等带来巨大隐患。

围绕国家战略需求，揭示气象灾害对社会经济和生态环境的影响过程和机制，研制出不同温升情景下（2.0℃及以上）高精度区域气象灾害风险图集，将会为国家应对未来气候变化提供重要的科技支撑和参考。北京师范大学张强教授带领研究团队长期从事水文气象灾害和未来气候变化研究，于 2019 年联合多家单位成功申报了国家重点研发计划项目“不同温升情景下区域气象灾害风险预估”（项目编号：2019YFA0606900），几年来，经过深入系统研究，获得了一系列创新性成果，开展了气象灾害对社会经济影响过程与传导机制研究，模拟和预测了陆地植被生态系统结构演变及其对气象灾害影响的反馈作用，量化了气象灾害对生态环境影响的临界阈值和反馈风险，研制了多灾种–多承灾体–多区域综合风险评估模型，刻画了区域气象灾害爆发、高峰、消亡的动态演进过程，评估了不同温升情景和不同共享社会经济路径下典型区域气象灾害的社会经济和生态环境综合风险，发展集成了多致灾因子–多承灾体综合风险动态评估技术体系，为国家减灾防灾和相关政策制定提供了科技支撑，做出了重要贡献。

几年来，我见证了该项目申请、研发、阶段性成果产出以及最终的丛书成果凝练和出版。该丛书从多学科交叉角度出发，综合开展不同温升情景下区域气象灾害风险预估。通过科技创新，快速并准确地为气象灾害风险动态评估提供技术方法，为我国应对气候变化和社会经济可持续发展提供科技支撑。该丛书可作为研究气候变化、自然灾害和环境演变的科技工作者以及相关业务部门人员的参考书，还可推动气候变化科学和气象灾害研究取得新进展。

傅伯杰

中国科学院院士

2022 年 3 月于北京

丛 书 序 三

全球变化深刻影响着人类的生存和发展，已成为当今世界各国和社会各界非常关切的重大问题。联合国政府间气候变化专门委员会（IPCC）第六次评估报告明确指出，全球气候系统经历着快速而广泛的变化，气候变暖的速度正在加快。研究表明，全球变暖导致气象灾害事件的频率和强度均呈显著增加趋势，气象灾害对中国的灾害性影响愈趋严重。据统计，由不良天气引发的气象灾害占中国所有自然灾害的70%以上，我国每年仅重大气象灾害影响的人口大约达4亿人次，所造成的经济损失占到国内生产总值的1%～3%。不同温升情景下区域气象灾害风险预估研究会为国家妥善应对全球变化、参与全球气候治理及国际气候谈判提供科学支撑。

中国地处东亚季风区，复杂多样的地形地貌和气候特征决定了气象灾害的频发特征，是世界典型的“气候脆弱区”。在全球变暖背景下，区域气象灾害的演变规律及其对社会经济和生态环境的影响已成为应对气候变化的关键科学问题。深入研究温升情景下气象灾害对社会经济和生态环境影响的过程机制、特征程度、变化趋势，预估不同温升情景下区域气象灾害风险，将为应对气候变化提供科学依据，有利于提升国家综合应急能力水平与风险防范水平，具有重大的科学意义和服务国家战略的应用价值。

在北京师范大学张强教授主持的国家重点研发计划项目“不同温升情景下区域气象灾害风险预估”（项目编号：2019YFA0606900）的资助下，北京师范大学联合中国科学院地理科学与资源研究所、国家气象信息中心、青海师范大学等国内气象灾害风险预估领域的主要大学和科研机构，聚焦气象灾害风险重大科学问题，开展了“理论研究–技术研发–平台构建–决策服务”全链条贯通式研究，基于重构的气象灾害历史序列和多源数据融合技术，辨识气象灾害对区域社会经济的影响与传导特性，揭示区域气象灾害对生态环境变化的影响过程与反馈机制，形成不同温升情景下极端气候事件对区域社会经济和生态环境的综合风险评估方法体系，为未来气候变化的灾害风险防范提供决策支持。项目成果明显体现出我国全球变化研究特别是全球变化的灾害效应理论研究水平的提升，亦为我国应对气候变化和社会经济、生态环境可持续发展提供重要的科技支撑。

基于项目研究成果，项目组编撰了“全球变化与区域气象灾害风险评估丛书”，该丛书成为我国适应气候变化和应对气象灾害的标志性成果。在项目研究和丛书编撰过程中，一批气象水文灾害领域的中青年学者得到长足发展，有些已经成为领军人才。相信读者能从该丛书中体会到中国气候变化灾害效应研究水平的显著提升，看到一批青年人才成长的步伐和为未来该领域发展打下的良好基础。期盼“全球变化与区域气象灾害风险评估丛书”早日付梓，在全球变化灾害效应研究与气象灾害风险防范中发挥重要作用。

中国科学院院士

2022年3月18日

目　　录

1　城市暴雨洪涝概述

城市暴雨洪涝灾害是一个复杂的自然灾害链过程，涉及暴雨和洪涝两种灾害类型。暴雨洪涝灾害的发生导致了一系列严重后果，包括经济、财产和生命损失，以及对城市正常生活秩序的破坏。根据中华人民共和国国家标准(GB/T 28921—2012)的定义，暴雨灾害被定义为“因每小时降雨量 16mm 以上，或连续 12h 降雨量 30mm 以上，或连续 24h 降雨量 50mm 以上的降水，对人类生命财产等造成损害的自然灾害”；洪涝灾害被定义为“因降雨、融雪、冰凌、溃坝(堤)、风暴潮等引发江河洪水、山洪、泛滥及渍涝等，对人类生命财产、社会功能等造成损害的自然灾害”。暴雨灾害往往会引发洪涝、滑坡、泥石流等次生灾害，尤其是在城市地区，由暴雨引发的洪涝灾害更加严重。城市洪涝指的是极端强降雨(即暴雨)或长时间较强降雨超过城市排水系统的处理能力导致城市内积水的现象。

随着我国社会经济的飞速发展和城镇化进程的迅速推进，城市已经成为我国主要的人口聚集区，也是支撑区域高质量发展的重要基础。然而，随着气候变化的加剧，我国暴雨洪涝的频次和强度分别呈现逐渐增加和增强的趋势。城市暴雨洪涝已经成为我国城市安全发展的重要挑战。全球变暖导致更多的暴雨事件，再加上城市建设未能遵循自然景观地理格局等原因，导致我国城市暴雨洪涝灾害风险形势严峻。然而，由于我国城市暴雨洪涝研究起步较晚，目前我国尚未构建完整的历史暴雨洪涝灾害数据库。上述结论多通过降水统计、洪涝调查或水文模拟等方法获得，我国未来城市暴雨洪涝灾害发生的时空特征和演变规律仍有待深入分析。此外，我国城市密度高、人口密集、经济活动频繁，暴雨洪涝易发的城市不仅会遭受水淹导致的直接损失，还会面临交通电力中断、疾病污染传播等二次损失。因此，有效防治城市暴雨洪涝灾害、减轻风险是当前亟待解决的城市和区域发展问题。

1.1　我国城市暴雨洪涝灾害状况

我国位于东亚季风区，具有雨热同期的气候特点，暴雨事件集中发生，因此是全球暴雨洪涝灾害的高发区。全国三分之二的地区面临暴雨洪涝灾害风险。在全球变暖和城市化的影响下，我国遭受异常极端暴雨袭击的地区明显增加。暴雨总量、频次、强度和持续时间不断攀升，导致暴雨洪涝灾害强度屡创新高。即便是常年干燥干旱的西北地区，近年来也经历了特大暴雨事件。例如，2018 年 7 月 31 日，新疆哈密市伊州区沁城乡小堡区域突降特大暴雨，1 小时内最大降水量达到 110mm，远超当地历史最大年降水总量(52.4mm)，引发了洪涝灾害，造成 20 人死亡、8 人失踪，8700 多间房屋及部分农田、公路、铁路、电力和通信设施受损(孔锋，2021)。2021 年 7 月 17～23 日，河南遭遇历史罕见特大暴雨，发生严重洪涝灾害，特别是 7 月 20 日郑州市遭受重大人员伤亡和财产损失。全省因灾死亡失踪 398 人，其中郑州市 380 人，新乡市 10 人，平顶山市、驻马店市、洛阳市各 2 人，鹤壁市、漯河市各 1 人。郑州市因灾死亡失踪人数占全省的 95.5%(国务院灾害调查组，2022)。根据近年来我国城市洪涝灾害情况的分析，我国城市洪涝灾害呈现出以下基本特点。

1）广泛频发性

近年来，无论是南方还是北方地区，城市洪涝灾害频繁发生，成为备受关注的社会问题。位于北方的城市如北京、济南、长春等，在近年都经历了多次较为严重的洪涝灾害。其中，北京的洪涝灾害尤为突出，2004～2012 年发生了 6 次严重的暴雨洪涝灾害，特别是 2012 年 6 月下旬至 7 月下旬期间，连续遭受了 3 次严重的暴雨洪涝灾害。2011 年，南方地区的武汉、长沙和南京等，同样遭受了极具破坏性的暴雨洪涝灾害(吴玉成，2011)。根据《中国城市暴雨洪涝灾害报告》的数据，2008～2010 年期间，我国 500 多个城市中约有 62%的城市，即 300 多座城市，经历过暴雨洪涝灾害。其中，137 座城市发生了 3 次以上的暴雨洪涝灾害，57 座城市的最长积水内涝时间超过 12h。2010～2016 年，我国平均每年有超过 180 座城市遭受积水、淹水或发生洪涝，其中 2016 年遭遇积水或洪涝的城市数量高达 192 座。《中国水旱灾害防御公报 2019》指出，2000～2018 年，我国每年由洪涝灾害导致的平均死亡人口高达 1143 人，受灾人口高达 1.19 亿人，直接经济损失占全国 GDP 的比例达到 0.5%(孔锋，2022)。城市暴雨洪涝已经成为我国社会经济高质量安全发展的重大挑战。

2)季节周期性

北方地区的城市洪涝主要发生在每年的 6～8 月，而南方地区的城市洪涝灾害则相对集中在 5～8 月(吴玉成，2011)。这种季节性的洪涝发生在很大程度上受到我国夏季风的影响。夏季风通常于 3 月初开始在我国华南沿海登陆，然后逐渐向北推进，大约需要 3 个月才能到达黄河以北地区。到了 7 月，我国夏季风进入极盛期，此时其在我国的影响范围达到最大。随着冬季风势力的逐渐增强，夏季风于9月初开始由北向南撤退，10月中旬基本退出我国大陆。因此，城市洪涝在北方地区的高发月份集中在6～8月，这正是夏季风强盛的时期。受夏季风的直接影响，我国东部季风区的大部分城市进入涝期，持续的降水和极端强降水事件频繁发生，导致城市内涝的概率最大(靳俊芳，2015)。

3)区域分异性

在空间分布上，南方地区不同风险等级的城市洪涝事件发生频次明显高于北方地区。表1-1显示，2001～2012年，南方地区媒体报道的城市暴雨洪涝事件共发生211次，而北方地区发生总频次为132次。具体分级情况如下：Ⅰ级暴雨洪涝事件方面，南方地区发生80次，比北方地区多37次；Ⅱ级暴雨洪涝事件方面，南方城市发生95次，而北方城市仅有54次；Ⅲ级暴雨洪涝事件方面，两地区差异相对较小，南方地区发生36次，北方地区发生35次(靳俊芳，2015)。这些数据表明南方地区城市洪涝风险相对更高，区域差异性明显，凸显不同地区在应对暴雨洪涝灾害时需采取差异化的策略。

表1-1　2001～2012年我国东部季风区典型城市不同等级暴雨洪涝发生频次(靳俊芳, 2015)

城市	不同等级暴雨洪涝发生频次			合计
	Ⅰ级	Ⅱ级	Ⅲ级	
北京	8	12	19	39
长春	5	5	4	14
长沙	6	7	6	19
成都	4	8	2	14
福州	9	7	2	18
广州	18	17	7	42
贵阳	0	2	5	7
哈尔滨	5	6	2	13
杭州	4	6	0	10
合肥	3	6	0	9
济南	2	7	3	12
昆明	10	3	0	13
南昌	2	4	3	9
南京	4	8	2	14
南宁	5	7	1	13
上海	3	8	3	14

续表

城市	不同等级暴雨洪涝发生频次			合计
	Ⅰ级	Ⅱ级	Ⅲ级	
沈阳	0	6	3	9
石家庄	6	3	1	10
太原	5	3	1	9
武汉	6	7	1	14
西安	6	8	1	15
郑州	6	4	1	11
重庆	6	5	4	15

总的来说，南方地区遭受城市洪涝灾害的频次和强度明显高于北方地区，这一差异主要与夏季风对不同地区的影响有关。南方作为夏季风最早登陆和最晚退出的地区，夏季风在该地区的持续时间较长，影响较深，导致持续性降水和强度较大的极端降水。因此，南方地区的城市暴雨洪涝灾害更为严重。相比之下，北方地区的夏季风呈现出“迟到早退”的特点，受影响较小、持续时间较短，因而该地区发生的城市暴雨洪涝事件无论是频次还是强度均较南方地区为低。

4）威胁地下空间

城市洪涝也对地下建筑空间造成严重影响，尤其是以地铁和地下商业为主的地下结构。例如，在 2011 年 6 月 23 日的北京洪涝事件中，地铁陶然亭站进水导致地铁停运；2007 年 7 月 18 日，济南洪涝使市中心银座地下购物广场进水，造成人员伤亡(吴玉成，2011)。在广州，2020 年“5・22”局地特大暴雨导致地铁 13 号线部分站点进水，多个新建住宅小区的地面及地下停车场被淹，导致上万辆汽车被淹报废(黄华兵，2021)。

1.2　气候变化背景下城市暴雨洪涝的发展趋势

全球变暖导致更多暴雨事件。气候变暖和人类活动对水循环要素的影响，增加了发生极端水文事件的可能性，加剧了城市暴雨洪涝问题，对区域水安全和国家长期发展战略产生了一定程度的影响(张建云等，2014)。在气候系统变化的直接影响方面，异常的大气环流系统(如ENSO、季风变化等)对全球大尺度水汽分布和降水格局产生深远影响。这种大尺度降水格局的变化对区域极端降水产生影响。从区域热动力过程的角度来看，全球变暖背景下，大气中水汽总量上升，蒸散发作用增强，使降水的频率和强度有所提高(方建等，2014)。

我国城市暴雨洪涝主要发生在雨季，短时暴雨频繁。随着时间推移，暴雨总量、频次、强度和持续时间不断增加，并在空间上扩散至城市周边区域。自1961年以来，我国特大暴雨事件频繁且呈逐年增加趋势。1961～2019年，气象站观测到的暴雨日数平均每10年增加3.8%。城市“热岛效应”的影响进一步导致小范围、突发性和高强度的特大暴雨事件频繁发生(孔锋，2021)。以2011年为例，北京在仅一个月的时间内经历了三次历史罕见的特大暴雨，每次暴雨都表现出暴雨量大、降雨强度大和覆盖范围大的“三大现象”(吴玉成，2011)。

根据当前的预测结果，未来50～100年全球气候趋势将持续变暖，对全球生态系统和社会经济将带来深远而重大的影响(秦大河，2003)。在未来变暖的背景下，我国极端强降水事件将增强，其重现期将缩短，因而相关风险将进一步加剧。这一趋势将受温室气体排放量的影响，排放越多，变化越为显著。例如，全国平均而言，相较于1986～2005年，根据RCP4.5和RCP8.5情景，我国暴雨频次在21世纪末期将分别增加约58%和136%，暴雨强度将分别增加约45%和99%；最大连续5日降水量(Rx5day，反映极端强降水的指标)将分别增加11%和21%；当前50年一遇的重现期将分别缩减至约13年和7年(周波涛等，2021)。

多模式预估研究也指出，截至21世纪末，我国区域性暴雨事件在发生频次、持续时间、平均降水量、平均影响范围和综合强度等方面都将呈现不同程度的上升趋势(周波涛等，2021)。与1986～2005年相比，在21世纪中期(2046～2065年)和末期(2080～2099年)，轻度区域性暴雨事件发生频次将减少，而中度、重度和严重的区域性暴雨事件发生频次将增加。在空间分布上，我国东部区域将大范围经历区域性暴雨事件发生频次、持续时间和降水量的增加，这三者的增幅在空间分布上呈现较为一致的形态。增加最为显著的区域主要包括长江中下游、江南和华南地区，而且21世纪末期的增加幅度大于中期(周波涛等，2022)。

基于CMIP6的研究表明，未来年暴雨日数和雨量在我国呈增加趋势，而年暴雨强度在5年一遇、10年一遇、20年一遇和50年一遇不同重现期下表现不一(郭春华等，2022)。全国范围内，4个重现期下的年暴雨日数变化均值分别为0.36天、0.57天、0.73天和0.92天；年暴雨量变化均值分别为22.30mm、36.24mm、46.92mm和60.12mm；年暴雨强度变化均值分别为2.43mm/d、0.27mm/d、–1.95mm/d和–4.86mm/d。根据不同气候区域，年暴雨量和年暴雨日数在青藏高原、东部干旱区、东北地区、华北地区和西南地区呈增加趋势，在西部干旱(半干旱)区、华中地区和华南地区呈减少趋势。在4个重现期内，年暴雨强度在青藏高原均呈增加趋势，而在其他地区以减少为主。青藏高原东南部和南部是暴雨危险性增加最显著的区域；年暴雨日数和年暴雨量减少的区域集中分布在西南地区的中部、华中地区和华南地区的中部和南部，年暴雨强度减少的区域集中在东部干旱区的中部、西南地区西部以及华北地区北部和南部(唐明秀等，2022)。

1.3　城市化进程对暴雨洪涝风险的影响

联合国人居署发布的《2022 年世界城市报告：展望城市未来》指出，预计到 2050 年，城市人口占比将达到 68%，即未来城市化进程将继续加快，城市人口预计将持续增加约 22 亿人，尤其是在发展中国家和地区，城市人口增长最为显著。然而，城市化作为衡量一个国家发展水平的重要标志，在一定程度上增大了人类社会与生态环境之间的相互作用，从而引发一系列的社会-环境-生态问题。例如，城市扩张导致区域不透水面积急剧增加，改变了城市水循环过程，导致径流系数和径流量的上升，进而增加了极端降水事件的发生频率，提高了城市暴雨洪涝的风险；同时，生活污水和工业废水的增加引起水质恶化，导致水生生态系统的退化等环境问题；城市人口的增加导致需水量的上升，改变了供水和需水的关系，从而对城市供水安全产生影响等。

1.3.1　城市基础设施对暴雨洪涝风险的影响

1)地下空间建设失序

近年来，我国城市地下空间发展迅猛，但其利用普遍缺乏系统性的前瞻谋划和顶层设计。2016～2019 年，我国城市地下空间开发成本以每年超过 1.5 万亿元的速度增长。随着地下电力、热力、通信管道系统、地铁、下穿隧道、地下商业街、人行地道、地下停车场、地下管线系统等地下空间建设的密集分布，地下自然生态空间格局遭到破坏，地下自然蓄水空间日益稀缺。一旦遇到长时间强暴雨，雨水会对地下空间的环境稳定和安全施工造成严重影响，可能导致地面沉降甚至塌陷。据不完全统计，2014～2018 年，我国有 122 个城市发生了 506 起路面塌陷事件，其中 235 起发生在夏季，占总数的 46.4%，覆盖范围广泛(孔锋，2022)。

2）城市排涝能力不足

由于城市规划和管理存在不善，我国城市排水管道面临多方面问题，包括普及率低、设施老化、滞后、不健全、污染物堵塞、过水能力不足、超负荷等。这些因素使得城市排水系统在汛期难以满足排水需求。同时，大多数城市的排水管道管理不够有效，存在着地上和地下发展不匹配的情况，以及过分偏重地上设施而轻视地下建设。住房和城乡建设部《中国城市建设统计年鉴2016》的数据显示，我国绝大多数省(自治区、直辖市)的排水管道密度低于15km/km^2，雨水管道长度占比不足40%。这意味着大多数地下管道主要被用于排污(孔锋，2022)。

1.3.2　土地利用变化对暴雨洪涝风险的影响

1)城市建设用地扩张

随着城市范围的扩大，城市自然水系遭到填埋和挤占，导致河网密度降低、调蓄功能和泄洪能力显著减弱。城市构建了多环路型格局和四通八达的路网，其中一些路网的建设破坏了原有自然景观中的古水系网络，使得原有的自然雨水涵养功能减弱，甚至丧失。在特大暴雨发生时，这些变化往往导致严重的城市暴雨洪涝灾害。以2012年北京"7·21"特大暴雨洪涝灾害为例，灾害中积水严重的63个点都位于原有的自然古水系区域。这些地区原本地势较低，大多建成下沉式立交桥或交通枢纽，容易积聚雨水，从而增加了暴雨洪涝发生的概率(孔锋，2022)。

2)不透水面积增加

城市化进程导致人口、财富和产业向城市聚集，城市规模不断扩大，不透水面积大幅增加，城市草地、林地和园地减少，城市河湖面积减小，致使城市雨水调蓄空间减小。这种不透水面积的增加改变了城市水文过程，导致地表下渗量减少，产流量增加。自然地表向不透水面的转变削弱了地表糙率，使得地表径流的汇流速度增加；由此产生的汇流特性变化导致城市洪水过程线变得更高、更尖、更瘦，洪峰出现提前。这种情况不仅增加了地下排水管网的压力，还使城市排洪河道的流量增大，甚至可能对周边地区造成潜在的洪涝风险(孔锋，2021)。在长时间尺度上，城区的蒸散量大于自然下垫面的蒸散量，影响了局部的小气候，同时城市化对降雨的形成也有一定的影响(黄华兵等，2021)。

3)城市景观格局的影响

城市扩张和用地空间结构与布局的变化，导致了不透水面积的增加、地表径流峰值的提高、雨水下渗的减少，从而引发更为严重的洪涝灾害(赵丽元和韦佳伶，2020)。紧凑高密度的城市景观格局会妨碍雨水的排放，而城市绿地在减缓雨水径流、降低洪涝风险方面起到关键作用。对城市洪涝与土地利用结构和景观格局的关系的研究表明，建设用地中居住区等区域对洪涝的影响最为显著，而复杂的景观系统则能够降低洪涝灾害的程度。值得注意的是，城市内的水域及低洼地带面积的减少加大了城市排涝系统的负担。原本是暴雨洪水的蓄积场所的水域及低洼地带在很大程度上可以降低城市洪涝灾害的风险。例如，在 1984～2004 年，北京四环内城区的水域面积减少了近 14%，大大削弱了城市自身对暴雨洪水的调节能力，增加了城市排水系统的负担，也因此提高了城市的洪涝灾害风险（吴玉成，2011）。

1.4　城市暴雨洪涝缓解能力评估方法

1.4.1　基于城市水文模型的评估方法

自 1980 年以来，随着遥感（RS）和地理信息系统（GIS）在水文学领域的广泛应用以及分布式水文模型技术的不断提升，城市水文学研究迅速发展。在此期间，基于前期研究，许多城市水文模型得到了系统开发和改进，其中包括 SWMM（暴雨水管理模型）、STORM、HSPF 等。这些模型的发展与国际水文计划（IHP）、世界气候研究计划（WCRP）、国际地圈生物圈计划（IGBP）、全球水系统计划（GWSP）等水科学研究计划相结合。通过强化实验观测和水文模拟技术，研究人员探讨了变化环境下水循环机理，深入认识和理解了城市水循环演变规律，剖析了城市化的水文效应，并初步揭示了城市的水环境和水生态，为城市排水系统设计和城市规划提供了有力支持。尽管在城市化水文效应、响应机制分析与暴雨洪水模拟方面取得了显著成果，但随着水环境-生态系统的恶化，城市水文研究面临更多挑战。因此，人们开始关注城市生态系统的健康发展和合理规划，提出并逐步实施了一系列应对措施，如美国的低影响发展（LID）计划、英国的可持续排水系统（SuDS 或 SUDS）计划、澳大利亚的水敏感城市设计（WSUD）计划以及新西兰的低影响城市设计与发展（LIUDD）计划等（张健云等，2014）。

基于水文过程的城市暴雨洪涝风险评估方法以 SWMM 为代表。SWMM 于 1971 年由美国环境保护署专门为城市区域的雨水径流水量和水质分析而开发，经过多次完善与升级，目前的最新版本是 SWMM5.1。在 SWMM 中，地表产汇流模块负责模拟降雨在地表的径流过程。用户可以根据需要选择三种不同的方法（Horton、Green-Ampt、SCS-CN）来模拟地表的下渗过程。同时，地表汇流采用非线性水库法，以更准确地模拟地表径流的形成。在管网一维水动力模拟方面，用户可以选择运动波或动力波模拟，以模拟管道中水流的状态。此外，SWMM 还可以进行水质模拟，从而全面分析城市排水系统的水质情况。SWMM 的适用性广泛，特别是在城市区域内场次降雨和连续降雨情景下，能够准确模拟径流水量和水质。该模型具有简便易用、开源的特点，使得研究人员可以方便地进行模拟和分析。在模型模拟中，降雨首先在地表降落，地表产汇流模块计算地表区域的径流量和径流污染负荷，随后，形成的径流通过雨水口排入地下排水管网、渠道或河道，最终排出研究区域。管网、渠道和河道中的水流状态和水质变化由管网水力模块进行计算，从而全面了解城市排水系统的运行状况。

SWMM 具备丰富的功能，包括建模数据前处理、地表水文计算、管网水量和水质模拟、结果输出以及结果展示等。该模型支持通过图片、表格和动画等多种形式展示模型数据、相关参数和计算结果，因此在城市区域的排水管网规划设计、城市洪涝预警预报和城市排水能力评估等领域有广泛的应用。SWMM 的主要功能可分为计算模块和服务模块，每个模块又包含多个子模块。计算模块是 SWMM 模拟的核心，包括径流模块、输送模块、扩展输送模块和储存/处理模块 4 个子模块。这些子模块之间功能独立，但除了径流模块不能接收其他模块的输出结果外，其他 3 个模块都能接收其他模块的输出结果，实现了模块之间的信息传递与交互。另外，服务模块则包括统计、图表、联合、降雨和温度 5 个子模块，主要负责建模前后数据的处理、参数的设置、模拟结果的展示和结果分析。这些功能使得 SWMM 在模拟城市水文过程中不仅能够高效地计算各种水文参数，还能为用户提供直观、全面的模拟结果，方便进一步进行数据分析与应用。

1.4.2 基于土地利用变化的评估方法

土地利用变化也是影响城市暴雨洪涝风险的关键因素之一。由于基于城市水文过程模型难以对大尺度的城市暴雨洪涝风险进行评估，因此基于土地利用变化的评估方法成为大尺度上评价城市暴雨洪涝风险的重要工具。一般来说，土地利用对城市暴雨洪涝风险影响的研究仍集中在城市土地利用对雨水下渗、地表径流的作用过程。因此，SCS-CN 水文过程曲线方法是评估不同土地利用下城市暴雨洪涝风险的基础。在此基础上，InVEST-UFRM 提出了度量城市暴雨洪涝缓解能力的方法。同时，由于在未来长期发展过程中，城市土地利用格局将会发生显著变化，因此模拟未来城市土地利用格局的模型也是评估未来城市暴雨洪涝风险长期变化的关键。综上所述，耦合 SCS-CN 方法与土地利用变化模拟模型的方法是评估城市未来长期暴雨洪涝风险的基础模型。

1.5 未来城市暴雨洪涝缓解能力评估的基本思路与研究框架

1.5.1 研究框架与章节关系

本书的主要研究框架如图 1-1 所示。

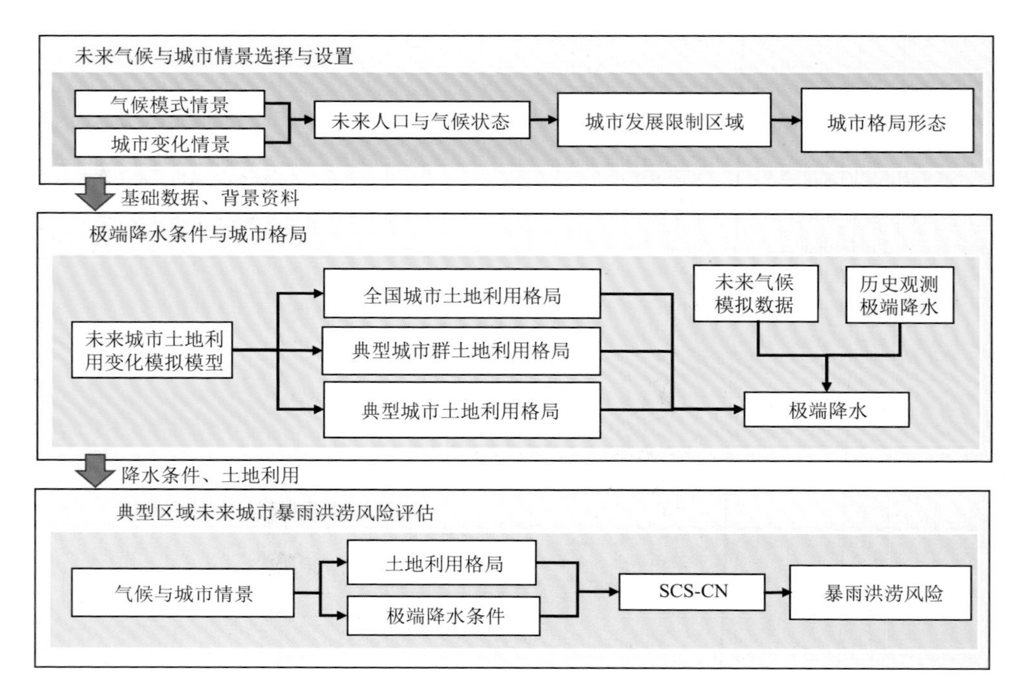

图 1-1 未来城市暴雨洪涝风险评估技术框架

第 1 章系统阐述我国暴雨洪涝灾害的现状和发展趋势，并简要梳理城市化进程对城市暴雨洪涝风险的影响，其中土地利用变化是影响城市暴雨洪涝的关键因素之一。同时，第 1 章还给出本书的研究思路与框架。第 2 章系统介绍用于模拟未来城市土地利用格局的主要模型，并对每个模型的特点进行评述。第 3 章系统介绍未来情景下城市暴雨洪涝风险评估模型。第 4 章在未来气候模拟的降雨情景下，模拟全国 36 个重要城市未来的扩张状态，评估城市扩张对城市暴雨洪涝缓解能力的影响及空间分布。第 5 章、第 6 章分别针对珠江三角洲(简称珠三角)城市群、郑州市两个不同尺度的典型区，模拟珠三角、郑州市未来情景下的不同土地利用类型的发展趋势与格局，并以研究区百年一遇历史极端降水为例，评估了未来土地利用格局对极端暴雨洪涝缓解能力影响的空间分布。

1.5.2 未来情景及情景设置

情景是对未来发展变化的可能性描述，遵循连贯和内部一致原则，是对重要驱动力和关系的假设。本书中的情景设计采取气候变化耦合城市土地利用变化的情景组合。气候情景以 SSP1-2.6、SSP2-4.5 和 SSP5-8.5 为主。气候变化情景存在两方面的作用：一是在不同共享社会经济路径(SSP)情景下，社会经济发展水平不同，进而导致未来城市用地面积的需求不同，从而影响未来城市的土地利用格局。二是由气候变化情景确定未来研究区域内极端降水情况。而城市的土地利用变化情景则根据不同城市的发展特点和研究区尺度进行具体确定。一般来说，城市土地利用变化情景主要考虑以下两方面的因素，即未来城市发展的形态倾向以及城市未来土地利用发展的空间约束。

预估未来的全球和区域的气候变化需要构建温室气体排放和社会经济等一系列情景，这些情景需要对各种发展可能进行定量或者定性的描述(姜彤等, 2020)。基于不同情景的气候预估，是历次政府间气候变化专门委员会(IPCC)报告的重要内容，其结果主要展现在不同选择带来的气候变化风险及其对社会经济的影响。以典型浓度路径描述辐射强迫的 RCPs 情景，更加强调未来辐射强迫情景和共享社会经济路径情景一致性的 RCP- SSP 组合情景；每个情景都包括一套化学活性气体、气溶胶、温室气体排放和浓度，土地利用/覆盖的组合影响着国家不同发展战略路径的选择。与 CMIP5 不同，CMIP6 是基于 SSP 情景利用 6 个综合评估模型(IAM)所产生的。SSP 情景的设定是根据当前国家与区域的实际情况以及发展规划来得到社会经济发展情景。构成 SSP 的定量指标有人口、GDP 等。这些指标描述了全球发展情况，主要涵盖七方面：人口和人力资源、经济发展、生活方式、人类发展、环境与自然资源、政策和机构、技术发展。2012 年 IPCC AR5 的专题会议明确了 5 个基础型的 SSP，分别为可持续发展路径 SSP1、中间路径 SSP2、区域竞争路径 SSP3、不均衡路径 SSP4、传统化石燃料为主的路径 SSP5。

在情景比较计划中，情景方案设计通常首先选择强迫场，然后在选定的不同强迫场基础上选择相应的 SSP(图 1-2)。CMIP6 继承了 CMIP5 中的 4 种 RCP 情景(RCP2.6、RCP4.5、RCP6.0、RCP8.5)，此外还增加了 3 种排放路径(RCP1.9、RCP3.4、RCP7.0)。因此 7 种 RCP 与 5 种 SSP 可以形成 35 种情景组合，但因为 SSP 与 RCP 情景直接存在相互影响，因此一般根据相对优先级分为一级(Tier-1)和二级(Tier-2)试验共 8 组未来情景。本书重点介绍其中的 SSP1-1.9、SSP1-2.6、SSP4-3.4、SSP2-4.5、SSP4-6.0、SSP3-7.0、SSP5-8.5 7 个组合情景。

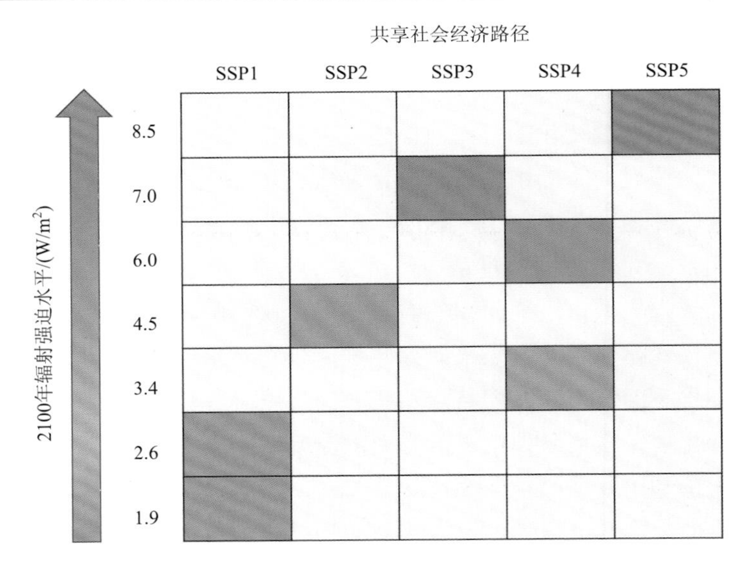

图 1-2　SSP 情景组合关系(姜彤等, 2020)

SSP1-1.9 是目前最低的辐射强迫情景。为了能提供全球升温 1.5℃更多信息，ScenarioMIP 设计了一个在 2100 年前辐射强迫低于 RCP2.6 的情景，并通过 IAM 小组综合产生出一个基于 SSP1 共享社会发展路径，其辐射强迫在 2100 年达到约 1.9 W/m^2。因此，该情景一致被认为可能(概率大于 66%)在 2100 年保持全球升温 1.5℃。

SSP1-2.6 是 CMIP5 中 RCP2.6 的更新版本，与 SSP1-1.9 相同，都属于低辐射强迫情景。2100 年辐射强迫稳定在约 2.6W/m^2。在该情景下，相对于工业革命前多模式集合平均的全球平均气温结果将显著低于 2℃。该情景考虑了未来全球森林覆盖面积的增加并伴随大量的土地利用变化，通过 IAM/IAV 的综合评估，形成了低脆弱性、低减缓挑战的特征，符合 SSP1 情景。

SSP4-3.4 属于低辐射强迫情景。它填补了 CMIP5 中低辐射强迫情景的空白。2100 年辐射强迫达到 3.4W/m^2 的情景中存在很大减缓效益，因此决策者关心在 2.6～4.5W/m^2 的减排成本。选择 SSP4 情景，是由于此情景减缓挑战相对较低。SSP4-3.4 为较低减缓挑战情景与较低辐射强迫情景的组合。

SSP2-4.5 是 CMIP5 中 RCP4.5 的更新版本。属于中等辐射强迫情景，在 2100 年辐射强迫稳定在约 4.5W/m^2。该情景常被用于 CMIP6 的参考，如协同区域气候降尺度研究计划(CORDEX)中的区域降尺度和年代际气候预测计划(DCCP)。此外，由于 SSP2 的土地利用和气溶胶路径并不极端，SSP2-4.5 仅代表结合了一个中等社会脆弱性和中等辐射强迫的情景。

SSP4-6.0 属于中等辐射强迫情景，设计 2100 年辐射强迫为 5.4W/m^2，2100 年以后稳定在 6.0W/m^2。该情景与 SSP4-3.4 的对比可以研究不同全球平均辐射强迫路径的气候影响，并探索土地利用和气溶胶对区域气候影响。

SSP3-7.0 属于中高等辐射强迫情景。在 2100 年辐射强迫稳定在约 7.0W/m^2。它填补了 CMIP5 中高辐射强迫情景的空白。SSP3 路径代表了中大量的土地利用变化(尤其是全球森林覆盖率下降)和高的气候强迫因子(特别是二氧化硫)。因此 SSP3-7.0 情景结合相对较高的社会脆弱性(SSP3)和相对较高的辐射强迫。

SSP5-8.5 属于高辐射强迫情景，情景的设计用于解决其他 MIPs 的科学问题。选择 SSP5 的原因在于 SSP5 是唯一可以实现至 2100 年辐射强迫高至 8.5W/m^2 的路径。

2 未来城市土地利用变化模拟

使用模型对土地利用变化进行模拟、预测和分析，是研究土地利用变化机制和过程，并对决策者提供支持的重要方法（Verburg et al., 2004）。它们往往通过建立自然、社会因素对土地利用类型转换的驱动关系，对土地利用变化这一时空过程进行建模，空间显式地模拟或预测出各种土地利用类型的数量及其空间分布（Santé et al., 2010）。经过数十年的发展，诸多学者已经开发出适合不同尺度、不同对象、不同科学问题的土地利用变化模拟模型，并在气候变化、生态系统服务、防灾减灾、国土空间规划等诸多领域得到广泛应用。

元胞自动机（cellular automata，CA）是实现土地利用演化的有效方法（Liu et al., 2017）。它通过微观层面上大量元胞个体状态的转换，实现宏观层面上景观格局的改变。在此类方法中，土地需求计算、土地利用单元发展概率计算和空间分配是三个核心组成部分（Cao et al., 2015; Feng and Tong, 2018）（图 2-1）。土地需求模块通常通过趋势外推、系统动力学、马尔可夫链等其他外部模型，获得研究区各类土地利用类型的需求总和。发展概率模块则是在研究区已有土地利用类型与驱动因子数据的基础上，总结归纳土地利用类型与驱动因子之间的关系；这种关系隐含着土地利用变化过程中复杂的驱动机制（Verburg et al., 2004），也是模拟后续土地利用变化的重要基础，其准确性直接决定模型模拟精度（Xing et al., 2020）。空间分配模块则是在土地利用单元发展概率的经验下，采用 CA 将研究区土地需求量合理分配到地理空间上；分配过程需要考虑不同土地之间的竞争关系，实现土地利用变化空间格局的合理配置，并进行一定的景观生态学干预，最终实现土地利用变化的模拟和预测。

下面从简单到复杂的顺序，重点介绍几种常用的、可用于估计未来情景下土地利用变化的模拟模型。

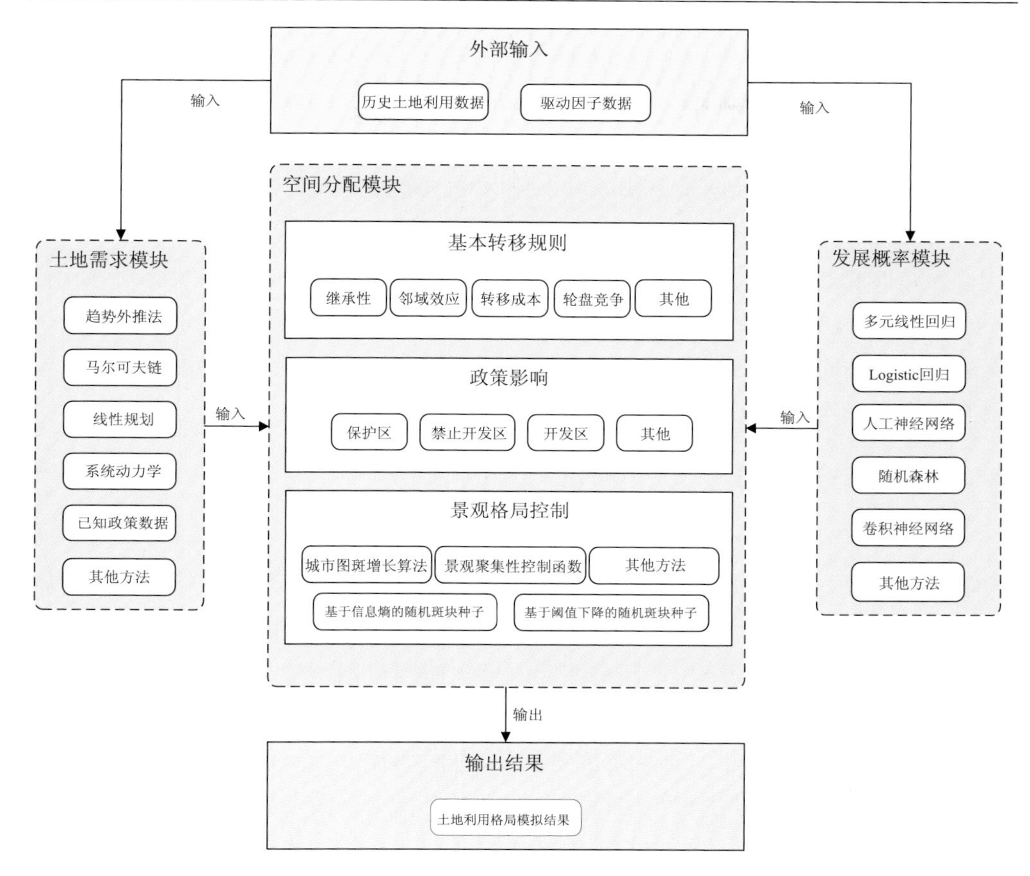

图 2-1　基于 CA 的土地利用变化模拟模型通用框架

2.1　FUTURES 模型

2.1.1　模型发展历史介绍

FUTURES(future urban-regional environment simulation)模型是一种新兴的多层次城乡景观结构模拟模型，由北卡罗来纳大学夏洛特分校 GIS 应用研究中心于 2013 年开发。该模型通过自下而上的元胞尺度状态变化，带动宏观层面的涌现现象，从而重现景观空间格局的空间结构特征和变化过程，据此研究土地利用变化过程引发的生态效应(邓婧等, 2013; Meentemeyer et al., 2013)。

目前，FUTURES 模型尚处于早期应用与发展阶段，应用集中在模型的测试区——美国北卡罗来纳州南部的夏洛特都市区。具体应用包括：①模拟夏洛特快速扩张的土地发展动态，评估快速城市化背景下区域土地保护策略的有效性（Dorning et al., 2015; Koch et al., 2019; Meentemeyer et al., 2013）；②评估不同人口密度和气候变化情景对北卡罗来纳州和南卡罗来纳州用水需求的影响（Sanchez et al., 2020）；③预测多情景下快速城市化区域的蔓延模式和生态系统服务之间的权衡关系（Shoemaker et al., 2019; Xu et al., 2019）。

为完善 FUTURES 模型的功能，同时提升模型的扩展性和易用性以推广使用，Petrasova 等（2016）将 FUTURES 模型集成到开源软件 GRASS GIS 中（https://grass.osgeo.org/download/addons/），有效提升了模型的运行效率和便利性，并使模型的大尺度应用成为可能。

2.1.2　模型结构与原理

FUTURES 模型是描述区域城市扩张的建模框架，具有多层次、可扩展、通用性强等特点。FUTURES 模型基于自下而上的 CA 开展模拟，将研究区划分成网格元胞，通过元胞的状态转换模拟土地利用状态的变化，转换概率由适宜性数值决定，适宜性数值通过相关要素的图层进行回归得到。结合面向对象的思想，该模型将离散的发展斑块视为独立的土地发展事件，在每次迭代的初始状态随机散播一定数量的“种子”（土地发展事件），存活的种子进入斑块生长阶段，通过经验和假设参数控制其生长结构特征，使模拟在景观层面上更加接近现实扩张过程。同时，为模拟现实扩张中的不确定性因素，在种子淘汰过程和元胞转换概率计算过程中需要引入一定的随机变量。

FUTURES 模型由城市用地需求模块（DEMAND）、城市扩张潜力模块（POTENTIAL）和城市图斑增长模块（patch-growing algorithm，PGA）三个相互作用的模块耦合而成（图 2-2），分别表征土地变化过程的用地需求、适宜性和土地转换空间结构等关键因子的层次驱动关系。DEMAND 模块量化区域人均土地需求及其增长速度；POTENTIAL 模块用土地变化与环境、基础设施和社会经济因素之间的多层次关系量化不同土地利用类型的发展概率；PGA 是一种随机斑块增长算法；在综合考虑发展过程中定性的规则以及人类行为的随机性后，展开具体模拟。在每次迭代模拟中，新增斑块相互影响，进一步增长，随着时间的推移而聚集，产生城市形态和景观破碎化的空间格局。

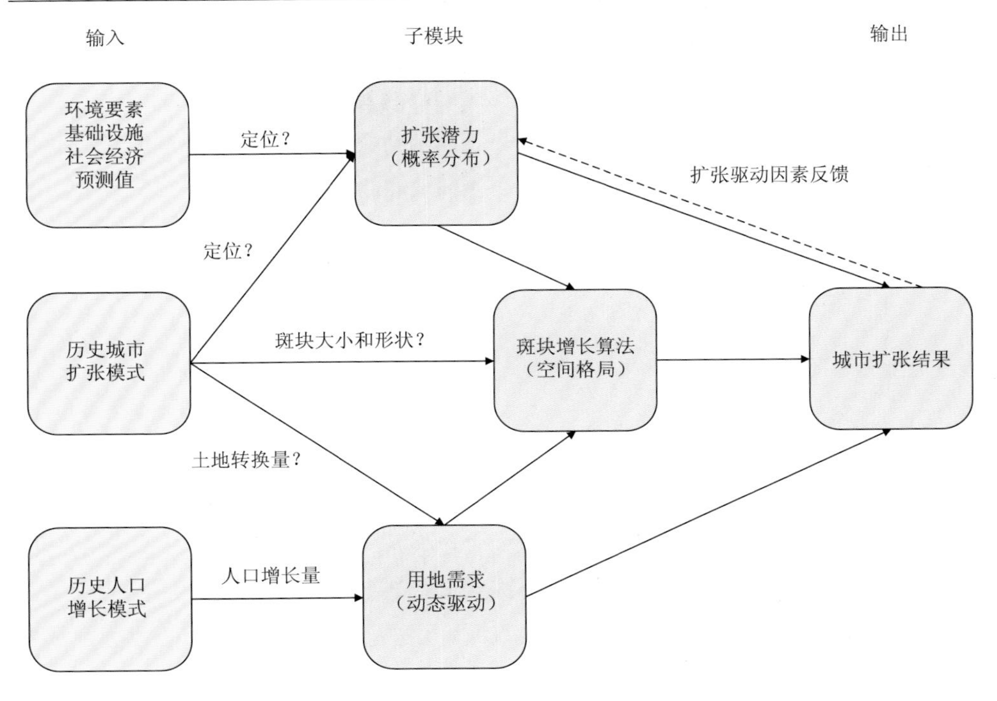

图 2-2　FUTURES 模型结构（邓婧等，2013）

2.1.2.1　城市用地需求模块（DEMAND）

DEMAND 模块用于预测和量化未来不同区域的人均土地消耗。模型基于历史人口和土地发展数据，构建人口发展和用地需求之间的统计关系，从而预测未来人口数量和用地需求。可使用描述性方法或统计方法、针对不同的人口层级尺度构建人均土地消耗模型。预测模型可采用 Logistic 回归、灰色预测、加权平均增长等方法。当模拟具体政策或需求时（如人口高增长和土地高消耗情景），可适当调整具体的统计模型参数。该模块的输入为历史人口及土地发展数据；输出为预测年的人口及土地发展需求量。

2.1.2.2　城市扩张潜力模块（POTENTIAL）

POTENTIAL 模块用于量化土地发展的潜力概率。模型通过专家知识初步选择可能影响土地发展利用的相关要素，然后使用空间叠加和统计推断方法处理环境、基础设施和社会经济要素，得到对土地发展有显著驱动和影响的因素图层。之后，采用统计法量化影响因素变化和土地发展之间的关系，构造基于栅格单元的潜力公式，得到土地发展适宜性模型。根据区域研究需要，可采用多层统计分析模型模拟土地利用系统的层次性特征(Verburg et al., 2004)。在 FUTURES 模型中，层级(子区域)可定义为社区单元或县、市等行政单元。若想提高时空模拟的精度和效率，可在 POTENTIAL 模块现有基础上根据时间步长构建时空模型，创建多层潜力曲面。元胞发展潜力可表示为式(2-1)，其中，Y_i 为元胞的发展潜力值，α_i 为区域 i 的回归截距，β_{ij} 为区域 i 变量 j 的回归系数，X_j 为变量 j 的数值。

$$Y_i = \alpha_i + \sum_{j=1}^{n} \beta_{ij} X_j \tag{2-1}$$

2.1.2.3　城市图斑增长模块(PGA)

PGA 是一种基于 CA 的随机模拟方法，通过迭代式的选址和环境感知的区域生长机制，将元胞从“未发展”状态变为“已发展”状态，模拟土地发展的时间次序和空间范围。每一步迭代结果会反馈到全局转换概率的计算，从而影响下一次迭代的斑块生长。经过一定的迭代次数后，这些转变为发展状态的元胞组成了有一定大小和形状特征的斑块。将这些斑块的生长看成独立的土地发展事件，其选址决策和斑块配置则作为随机性要素输入算法(Gagné and Fahrig, 2011)，并通过元胞级的转换控制离散斑块的大小、形状和离散程度。

斑块的构造过程分为三步。第一步，使用蒙特卡罗法，通过潜在概率梯度随机分配初始种子。生成一个 0～1 的随机数，若初始种子的潜在概率值大于该随机数，则该种子存活，选择该种子所在的元胞进行转换，进入第二步；否则，重复上述过程，直到种子存活。第二步，PGA 用 4 邻域搜索规则遍历种子相邻元胞的潜在适宜性(s_i')以及元胞与种子元胞之间的距离(d)。在一个生长斑块中的元胞 i，其适宜性得分可以被定义为 s_i，如式(2-2)所示；其中，s_i' 为元胞 i 的潜在生长潜力，d 为元胞 i 与种子元胞的距离，α 为一个可调的比例因子，用来通过距离衰减效应控制斑块紧凑性。随着 α 的增加，靠近初始种子的元胞变得相对更有吸引力，促进紧凑斑块的产生。得到每个元胞的综合适宜性得分后，对每个候选相邻元胞按照得分排序。第三步，使用这些排序的候选元胞指导邻域搜索，继续斑块生长过程，直到满足停止标准(如斑块大小超过某值)，并转换元胞的状态为“已发展”。PGA 继续分配斑块，直到人均土地增长需求得到满足。

$$s_i = s_i' d^{-\alpha} \tag{2-2}$$

发展压力(development pressure)是一个动态空间变量，用于估计周围土地发展对元胞改变状态的可能性影响。该变量来源于 PGA 的斑块构建过程，并与 POTENTIAL 模块相关。假设相邻元胞对元胞 i 的影响是距离衰减的，元胞 i 上的发展压力 p_i' 如式(2-3)所示；其中，State_k 为一个二值变量，表示第 k 个相邻元胞已发展(1)或未发展(0)，d_{ik} 为第 k 个相邻元胞与当前元胞 i 之间的距离，γ 为控制距离影响的系数，n_i 为元胞 i 在特定范围内相邻的元胞数。PGA 随土地变化事件的发生反馈更新 POTENTIAL 模块的概率(Brown et al., 2005)。

$$p_i' = \sum_{k=1}^{n_i} \frac{\text{State}_k}{d_{ik}^{\gamma}} \tag{2-3}$$

PGA 模块中的用户设置参数可以校准 FUTURES 模型的准确性，并用于探索城市化和景观破碎化的未来情景。例如，用户可以通过调整斑块紧凑性参数 α，影响邻域搜索机制中的探索量，最终控制区域增长过程中产生斑块的形状复杂度；也可以使用激励参数(incentive parameter)探索边缘式、填充式的城市扩展政策场景。该参数默认值是 1，可以将其更改为 0.25～4 的数字，由此调整幂函数来转换原有的潜力面的值，以模拟城市边缘式或填充式的扩展场景。较高的激励参数可模拟城市的填充式扩展，较低的激励参数可模拟城市的边缘式扩展。

2.1.2.4 模型执行步骤

FUTURES 模型的主要运行步骤包括基础数据与图层准备、变量筛选、回归模型构建、斑块演化模拟、模型参数调试以及模拟预测。首先按照参数配置参考表准备数据，并将数据处理成 ASCII 格式。在变量筛选阶段，分析影响城市扩张的因素，搜集影响因素数据；之后构建回归模型，在统计最优层面上得到变量关系，用 POTENTIAL 模型构建城市增长的概率图层；最后编辑参数配置文件，用 PGA 模型模拟土地利用变化过程。模型整体工作流程如图 2-3 所示。

2.1.3 模型总结与评价

FUTURES 模型在城市快速扩张、土地发展事件离散程度较大且土地需求迫切的地区有较好的模拟效果(邓婧等, 2013)。模型操作相对简便灵活，可以综合多尺度驱动因子的不同作用，面向不同的层次进行模拟分析。FUTURES 模型可以针对全局进行全局回归建模，也可以采用多层次回归进行分区建模。模型通过可调参数设置控制斑块生长的大小和形态，模拟决策方案编制。相比于普通模型，高性能计算环境使 FUTURES 模型同时支持大尺度、大数据量的建模和微观细节模拟。此外，FUTURES 模型在需求计算、研究对象时空范围、影响因素数量、概率计算模型等方面都具有较强的可扩展性。

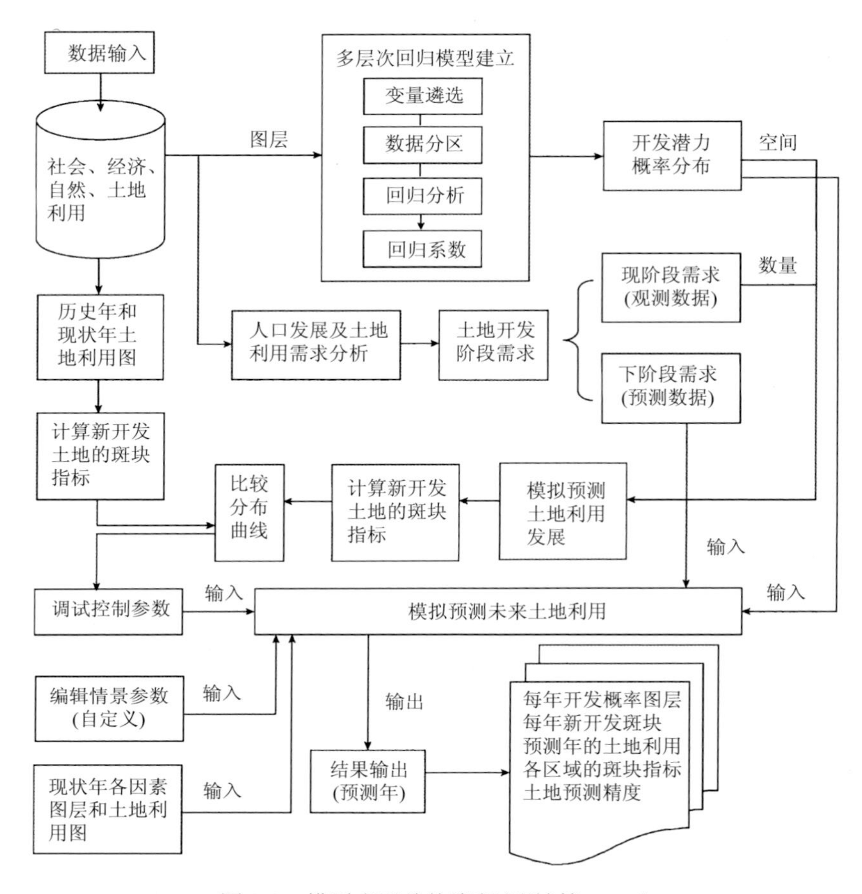

图 2-3　模型应用总体流程(邓婧等, 2013)

模型至少需要两期数据：第一期为历史年数据，第二期为现状年数据。输出结果为预测年数据

FUTURES 模型仅能模拟城区、非城区两类土地利用类型，无法模拟多种土地利用类型，研究者在选择 FUTURES 模型时需考虑到这一特征。另外，由于模型尚处于发展阶段，目前使用 FUTURES 模型模拟的区域集中在美国北卡罗来纳州南部夏洛特大都市区等局部区域，模型参数缺乏普适性。针对不同的区域使用 FUTURES 模型，需要研究者调整具有地理差异性的模拟参数，以适应复杂的政策情景模拟需求。

2.2 CLUE 系列模型

2.2.1 模型发展历史介绍

CLUE（conversion of land use and its effects）模型由荷兰瓦格宁根大学土地利用变化和影响研究小组于 1996 年构建（Veldkamp and Fresco, 1996），详见 https://www.environmentalgeography.nl/site/data-models/data/clue-model/。该模型主要考虑两方面构建：①基于土地利用与驱动因子间的经验量化关系；②土地利用类型之间的竞争动态变化。作为 CLUE 系列的早期模型，CLUE 模型主要用于发现大尺度土地利用变化的热点区，所模拟的单元内土地利用特征用复合类型表示，即不同土地利用类型所占的百分比。

CLUE 模型由于基于国家和大陆尺度开发，研究区域的尺度较大，且空间分辨率相对较低，难以适用于区域尺度的模拟。为满足小尺度土地利用变化模拟的需求，研究人员在 CLUE 模型的基础上开发了 CLUE-S（conversion of land use and its effects at small region extent）模型（Verburg et al., 2002）。CLUE-S 模型所模拟单元的土地利用特征用主要的土地利用类型表示。该模型在确认土地利用变化的热点区的同时，进一步模拟不同情景下土地利用变化（蔡玉梅等, 2004）。

Dyna-CLUE 模型是 CLUE 模型团队于 2009 年对 CLUE-S 模型的进一步改进（Verburg and Overmars, 2009）。该模型综合了自上而下和自下而上的思想，不仅考虑了土地利用面积需求驱动的变化，还考虑了土地利用类型转换的竞争过程。通过整合土地利用变化的大尺度动态与局部动态过程，使其能适应多尺度区域层面的土地利用模拟。

2013 年，van Asselen 和 Verburg（2013）基于上述 CLUE 系列模型研发了 CLUMondo 模型（https://www.environmentalgeography.nl/site/data-models/models/clumondo-model/），该模型充分考虑了土地需求、生物物理和社会经济变量（Debonne et al., 2018），在界定土地需求时，不仅考虑土地利用面积，还考虑土地利用强度因素。在 CLUMondo 模型中，土地需求还可以是对土地所提供的物资或服务的数量需求。相较于之前的模型，CLUMondo 适用于模拟多功能的土地，它是将土地利用模拟、土地时空动态变化竞争及其相互作用三者相结合的模型（邢玮, 2019）。

2.2.2 模型结构与原理

2.2.2.1 CLUE 模型

CLUE 模型模拟土地利用变化的过程主要基于三大模块开展：生物物理更新模块、土地需求模块和土地利用分配模块(图 2-4)。生物物理更新模块模拟整个区域的生物物理过程和因素(如病虫害、土地利用历史)对土地利用变化的影响；土地需求模块基于区域层面的生物物理和人为因素或条件制定土地需求；土地利用分配模块直接受土地需求模块和驱动力模块的影响，根据特定的分配方案在区域内格网水平上改变土地利用(Veldkamp and Fresco, 1996)。本节介绍 CLUE 模型的假设与概念框架。

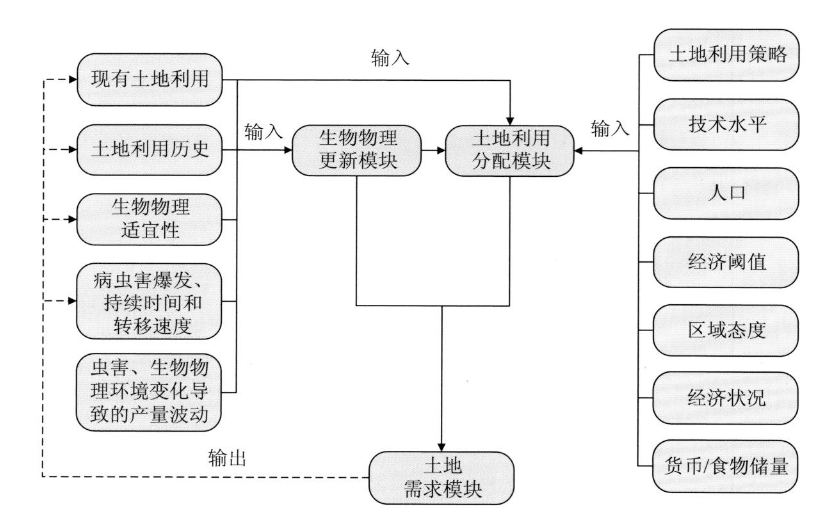

图 2-4 CLUE 模型框架(Veldkamp and Fresco，1996)

1) 生物物理更新模块

在该模块中，每年更新的土地利用历史是更新的循环基础。之后，假设作物病虫害沿基础设施传播，同时网格之间具有传染能力，模拟病虫害的地理迁移。引入病虫害药物或抗药性种群后，可恢复之前的适宜性。产量水平的年度波动假设由生物物理动态(如干旱等气候变化)或虫害造成。模块通过输入生物物理环境以及虫害发生的频率，逐年评估产量波动水平。最终，确定整个区域现有的土地利用范围、类型及其产量后，结合现有的技术水平、经济价值和粮食/货币储备，可以计算出研究区域的粮食/货币可获得性。

2) 土地需求模块

完成区域生物物理评估与更新后，通过需求模块确定区域总体的土地利用目标和决策。首先利用历史时期的人口统计数据进行人口变化趋势预测，估计区域未来各年的人口数据。人口增长有助于提高管理水平和产量水平，也会导致城市扩张和农业土地减少。技术水平的增长将导致粮食产量和市场贸易量的增长。随着区域技术水平的提高，相关土地利用策略将逐渐从粮食安全转向更具商业性的策略。同时，土地利用价值随着区域态度、技术水平和经济状况变化。由于这些影响因素不易预测，CLUE 模型暂用土地利用策略表示土地利用价值。土地利用变化还需遵循一定的经济限制或阈值，即该土地利用类型承载的关键产品和基础设施，其用于国际市场贸易时所需数量与质量的最低限制。此外，民众因素也会成为区域态度变量，参与土地使用的决策。

当区域技术水平和富裕程度提高时，土地使用者将逐渐产生多种土地利用策略。CLUE 模型提供了四种土地利用选择策略：第一种主张粮食安全；第二种以粮食安全为目标，但也考虑技术水平影响；第三种重视商业用地，并逐步引进经济作物；第四种倾向完全生产经济作物，实现用地商业化。

3) 土地利用分配模块

土地需求目标确定后，在格网规模上评估土地利用变化分配的可行性。CLUE 模型假设只有在新土地利用产生明显收益或价值提高时，才会进行土地利用转换。首先确定滑动窗口大小和给定阈值，搜索并确定粮食生产和社会活动相关的土地利用类型的集中区域，并存储其坐标。同理，确定基础设施的布局，计算和存储基础设施沿线的商业用地类型。

确定土地利用优先策略和需求后，应用两种不同的土地利用分配方案。对于农业用地，采用填充和扩张的分配方案；对于商业用地，则考虑产品运输过程、按沿线的基础设施进行分配。对于其余土地利用类型，如自然植被、非农裸地和城镇等，则由两种分配方案共同决定。此外，在格网尺度上，土地利用经济年龄限制、病虫害的空间传播、格网单元距离集中区域和基础设施的位置、土地利用类型的适宜性及策略价值都将影响并最终主导土地利用类型变化。

2.2.2.2　CLUE-S 模型

CLUE-S 模型在 CLUE 模型的基础上对驱动因子计算、空间分配等多个步骤模块进行改进，使模型更适应小尺度下的土地利用结构表达和精度要求(吴健生等, 2012)。模型假设某地区土地利用变化受土地需求驱动，且土地利用分布格局与土地需求及自然环境和社会经济状况处于动态平衡状态。CLUE-S 模型建立了土地利用变化的关联性、等级特征、竞争性和相对稳定性等系统论基础，据此处理土地利用类型间的竞争关系，实现各类土地利用变化的同步模拟（王丽艳等，2010）。

CLUE-S 模型由土地需求模块、发展概率计算模块和空间分配模块组成，如图 2-5 所示。

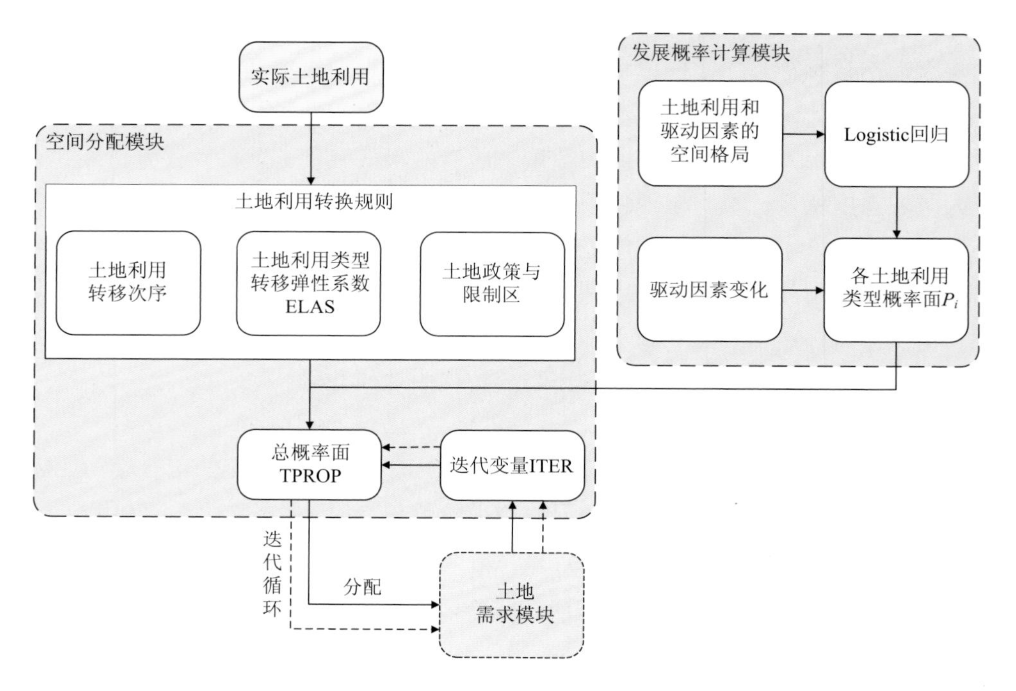

图 2-5　CLUE-S 模型框架（Verburg et al., 2002）

1）土地需求模块

土地需求即模拟过程中各土地利用类型的限定变化量，一般通过趋势外推、灰色线性规划、马尔可夫链、系统动力学等方法估计，可以是正值或负值，但必须逐年输入模型中，而且所有土地利用类型的变化总量须为零。土地需求将直接决定模拟结果中各土地利用类型的面积。

2）发展概率计算模块

CLUE-S 模型对土地利用分布概率或分布适宜性的定义理论基础为：土地利用类型转变通常发生在其最有可能出现的位置上。据此，模型计算出各土地利用类型的空间分布适宜性。适宜性主要受影响土地利用空间分布因素的驱动。这些驱动因子与土地利用变化的直接或间接关系由变化发生的空间位置上的定量关系定义。CLUE-S 模型用 Logistic 回归计算土地利用变化的发展概率，以解释土地利用类型与其驱动因子之间的关系[式(2-4)]。式(2-4)中，P_i为可能出现某一土地利用类型i的概率；$X_{n,i}$为与土地利用类型i相关的驱动因子；β_n为 Logistic 回归系数，β_0为常量。此外，逐步回归法有助于从众多土地利用变化驱动因子中筛选出相关性较为显著的因素。对于每种土地利用类型，Logistic 回归的拟合度可以用接受者操作特征(receiver operating characteristic，ROC)曲线检验，根据曲线下的面积大小判断模拟土地利用类型分布与真实土地利用类型分布的一致性。ROC 值在 0.5～1，值越大，表示模拟土地利用类型分布和真实土地利用类型分布的一致性越高，回归方程对土地利用类型的空间分布解释能力越高，模型的土地利用分配过程越精确。

$$\ln\left(\frac{P_i}{1-P_i}\right) = \beta_0 + \beta_1 X_{1,i} + \beta_2 X_{2,i} + \cdots + \beta_n X_{n,i} \tag{2-4}$$

3)空间分配模块

在 CLUE-S 模型的空间分配模块中，首先需要确定土地利用类型转换规则，转换规则与之后的分配过程共同体现了模型的土地利用类型间的竞争关系。土地利用类型转换规则包括转移弹性、转移次序和土地政策与限制区，具体含义如下。

(1)土地利用类型转移弹性系数表达土地利用类型变化的可逆性，一般用 0～1 的数值表示，值越大表明转移的可能性越小。转移弹性规则主要为：土地利用程度高的类型很难向土地利用程度低的类型转变，如建设用地很难向其他土地利用类型转变，将其转移弹性系数设为 1；反之，土地利用程度低的土地利用类型，如未利用地，则容易转变为其他土地利用类型，将其转移弹性系数设为 0。CLUE-S 模型的转移弹性系数一般依靠对研究区土地利用变化的经验知识确定，并在模型检验过程中得到调整。

(2)土地利用类型转移次序由各土地利用类型之间的转移矩阵定义，表示各土地利用类型之间能否转变，矩阵中 1 表示可以转变，0 表示不能转变。转移次序决定了模拟结果中的土地利用类型变化。

(3)土地政策与限制区能够通过限制土地利用格局变化影响区域土地利用模拟。限制因素具体可分为两类：一种为政策性限制因素，限制某种土地利用类型不发生转变，如森林保护政策可限制林地转变为其他土地利用类型；另一种为区域性限制因素，限制特定区域不发生土地利用变化，如自然保护区、基本农田保护区等，该种限制因素以图层的形式输入模型。

综合分析土地利用空间分布概率适宜性和土地利用转换规则后，根据土地利用分布现状图和计算出的总概率的大小对土地需求进行空间分配。总概率的计算公式如式(2-5)所示，其中，$\mathrm{TPROP}_{i,u}$ 为栅格 i 上土地利用类型 u 的总概率；$P_{i,u}$ 为通过 Logistic 回归得到的土地利用类型 u 在栅格 i 中出现的概率；ITER_u 为土地利用类型 u 的迭代变量；ELAS_u 为土地利用类型 u 的转移弹性系数。空间分配是通过多次迭代实现的，根据式(2-5)计算在允许变化的栅格 i 上土地利用类型 u 的总概率，然后赋予各土地利用类型相同的迭代变量值 ITER_u，按照各土地利用类型的总概率 TPROP 从大到小对各栅格的土地利用变化进行初次分配。之后，比较不同土地利用类型初次分配面积和需求面积，若土地利用类型初次分配面积大于需求面积，就减小 ITER_u 值，反之就增大 ITER_u 值，再重复进行下一次分配，直到各土地利用类型的分配面积等于需求面积为止。最后，以本年的分配结果作为基础，进行下一年土地利用变化的分配。

$$\mathrm{TPROP}_{i,u} = P_{i,u} + \mathrm{ELAS}_u + \mathrm{ITER}_u \tag{2-5}$$

2.2.2.3　Dyna-CLUE 模型

Dyna-CLUE 模型同样考虑自上而下的全局需求以及自下而上的局部变化两部分。其中，土地需求模块和发展概率计算模块同 CLUE-S 模型一致，均为确定土地需求并定量分析土地利用变化的驱动因子。在空间分配模块，相比于 CLUE-S 模型，Dyna-CLUE 模型加入了对邻域适应度的分析(Verburg and Overmars, 2009)，即 Dyna-CLUE 模型的总概率计算公式可用式(2-6)表示，其中，$\mathrm{PNBH}_{i,u}$ 为该土地单元的邻域适应度，类似于 CA 模型对于元胞邻域规则的设置方法，可通过经验统计模型或专家知识得到。其余参数同 CLUE-S 模型。

$$\mathrm{TPROP}_{i,u} = P_{i,u} + \mathrm{ELAS}_u + \mathrm{PNBH}_{i,u} + \mathrm{ITER}_u \tag{2-6}$$

2.2.2.4　CLUMondo 模型

CLUMondo 模型在 Dyna-CLUE 模型基础上作进一步改进，其定义的土地需求不仅可以是对特定土地利用面积的需求，还可以是对物资或服务等在数量上的需求(van Asselen and Verburg, 2013)。因此，模型中土地需求可以有不同的表达形式，若需求是土地利用面积，可以公顷、平方千米等为单位；若需求是食物，可以吨为单位(邢玮, 2019)；这些需求与土地系统形成供需关系后，作空间化处理形成需求的空间分布，作为图层输入模型中。模型框架如图 2-6 所示。

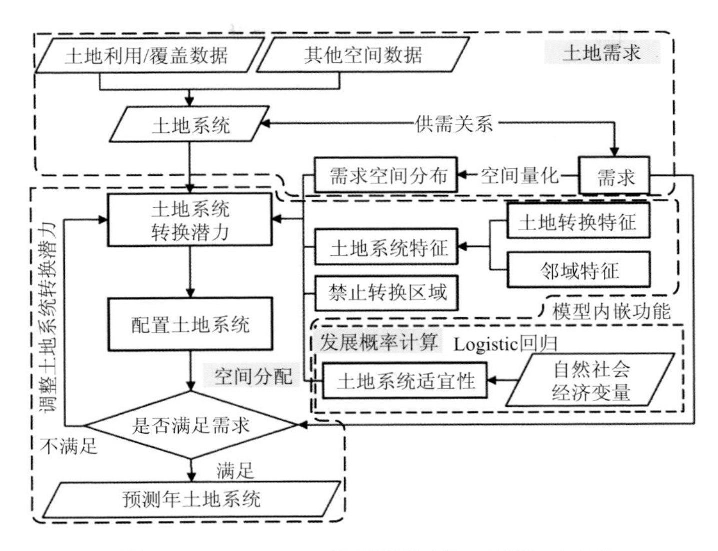

图 2-6　CLUMondo 模型框架（谢一茹等，2022）

2.2.3　模型总结与评价

CLUE 模型通过综合分析土地需求和土地利用类型转换驱动过程后完成土地空间利用分配（Batisani and Yarnal, 2009），奠定了整个 CLUE 系列模型思想框架。然而，CLUE 模型主要应用于国家和大陆尺度的土地利用研究，该尺度下的土地利用数据获取相对困难。CLUE 模型一般根据普查数据在格网内设置不同土地利用类型的百分比，在模型外部构建多元回归方程分配土地利用（Verburg and Chen, 2000）。这种方法可能会使土地利用类型的估计产生较大偏差。

CLUE-S 模型在建立土地利用空间分配和驱动因子之间的统计关系模拟土地利用变化的同时，考虑到了不同土地利用类型之间的竞争关系，可以较好地模拟小尺度地区短期土地利用变化情景（蔡玉梅等, 2004）。CLUE-S 模型的空间分配模块通过多次调整迭代变量大小迭代计算分配总概率，使各土地利用类型分配面积与需求相匹配，这种算法保证了计算精度。不过，由于 CLUE-S 模型各参数都有其特定的内涵和设置规则，在使用时需要充分理解模型参数的意义，进行合理设置；此外，模型最多只能模拟 13 个土地利用类型，而且限制了研究区内飞地的数目和栅格总量（王丽艳等, 2010）。

Dyna-CLUE 模型是在 CLUE、CLUE-S 模型基础上发展而来的，考虑到土地利用变化宏观驱动过程的同时，还加入了邻域适应分析，强调了土地利用微观层面上的相互作用及其带来的格局演化特征，对于多尺度的应用具有更强的适用性(叶高斌等, 2018)。至此，CLUE 系列模型发展逐渐完善，但土地需求设置在供需关系方面仍缺乏政策灵活性。

CLUMondo 模型在前述模型的基础上进一步创新。该模型不仅能够使用表征土地利用强度(或类型占比)的土地系统开展土地变化的模拟，其土地需求扩展到除土地面积直接需求外的土地所承载的间接需求，能够反映需求与供给(即土地系统类型)之间的多对多驱动关系。CLUMondo 模型在土地系统制备、模拟变化的宏观需求、量化多对多供需关系等方面具有一定优势(谢一茹等, 2022)。

CLUE 系列模型尽管发展日趋成熟，却依然存在一些局限性。在统计分析部分，CLUE 系列模型采用的 Logistic 回归难以表达土地利用变化的非线性驱动关系。在空间分配模块，仅通过邻域计数法调整转换概率，过于简化空间邻域对目标像元土地利用变化影响；在计算土地利用类型的总概率后，仅考虑占主导的土地利用类型，忽略了其他土地利用类型的分配机会，难以体现土地利用发展的偶然性，对于城市及其周边的小范围土地利用类型变化的模拟与实际有所出入(张世伟等, 2020)，且没有明确模拟景观格局结构的变化模式(Dorning et al., 2015)。

2.3　LUSD 模型

2.3.1　模型发展历史介绍

LUSD(land use scenario dynamics)模型是由北京师范大学何春阳等(2005)开发的一种空间显式的土地利用/覆盖变化动力学模型，可用于理解土地利用/覆盖格局变化过程，并模拟其近期情景变化。LUSD 模型自开发后经历了不断地完善和应用过程。2005～2006 年，模型处于初步发展阶段，并发展出了 LUSD-urban 模型，实现了区域城市扩展过程的有效模拟(He et al., 2006)。至 2013 年，模型不断发展完善，嵌入了潜力模型和重力场模型(He et al., 2008, 2013)。从 2013 年至今，模型趋于成熟，进入应用阶段，结合未来气候变化情景和共享社会经济路径完成了深层次的模型应用(He et al., 2015, 2017)。

目前，该团队开发了基于 Pycharm 平台和 Python 语言编写的界面化软件 LUSD(Beta 版)(https://pan.bnu.edu.cn/l/G575ZQ)。该软件实现了未来城市土地面积模拟、模型参数校正、未来城市土地利用空间格局模拟、模拟结果验证、城市增长边界划定等功能。该软件具有操作简单、模拟精度高和适用性广等特点，能够可靠地用于不同社会经济发展情景、不同尺度下的未来城市扩展过程模拟和城市增长边界划定，是量化未来城市扩展特征、评估未来城市扩展的社会经济和生态环境效应以及进行国土空间规划的有效工具。

2.3.2　模型结构与原理

LUSD 模型结合自下而上的 CA 模型和自上而下的系统动力学(system dynamics，SD)模型，依据供求平衡原理，从宏观用地总量需求和微观土地供给平衡的角度开展土地利用模拟。LUSD 模型首先以 SD 模型为基础，依据社会经济系统中土地政策、人口增长、经济发展、技术进步和市场调节五大驱动土地需求的因素，模拟未来不同发展情景下的土地总量需求。然后，以 CA 模型为基础技术，考虑土地利用继承性、适宜性和邻域影响，完成不同土地需求情景下的土地空间分配，从而模拟各情景下未来土地利用的空间格局。

LUSD 模型包括基于 SD 的宏观土地利用情景需求模块、基于 CA 的微观土地供给概率计算与空间分配模块，模型基本框架如图 2-7 所示。在 LUSD 模型的 CA 土地分配模块中，适宜性因素包含由驱动因子得出的发展概率以及限制条件两部分。

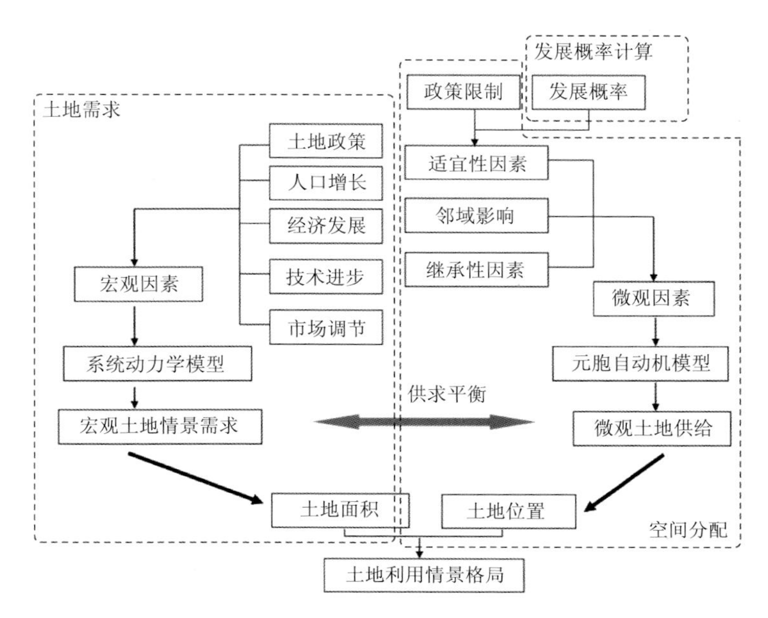

图 2-7　LUSD 模型基本框架(何春阳等，2005)

2.3.2.1 基于SD的土地需求模块

需求模块的主要作用是模拟研究区未来不同社会经济情景下土地利用总量需求的变化。SD 模型是一种自上而下、从宏观上反映土地系统复杂行为的系统动态模型，能够满足模拟土地需求变化的需要。尽管土地利用变化受自然和人文要素共同影响，但人类活动往往在短时间内主导土地利用变化(Lambin et al., 2001)。因此，在简化的 SD 模型中常常假设人文要素是影响土地利用变化的唯一要素。

LUSD 将研究区视为一个相对独立的区域系统，该系统可能在两种状态下运行。在封闭状态下，系统与外界不存在物质和能量交换，粮食自给率为 1，即系统内部的粮食供需保持相对平衡；在开放状态下，系统与外界存在物质和能量交换，粮食自给率不为 1，系统内部的粮食供需无法保持平衡，需要通过市场调节与外界进行粮食交换。以此为背景，在社会经济系统中土地政策、人口增长、经济发展、技术进步和市场调节因素的基础上，SD 模型以供求平衡为条件，分析各子系统和各要素之间的相互作用关系，建立模型因果作用关系结构(图 2-8)，利用 SD 仿真软件 Stella 实现宏观土地利用情景需求的模拟。

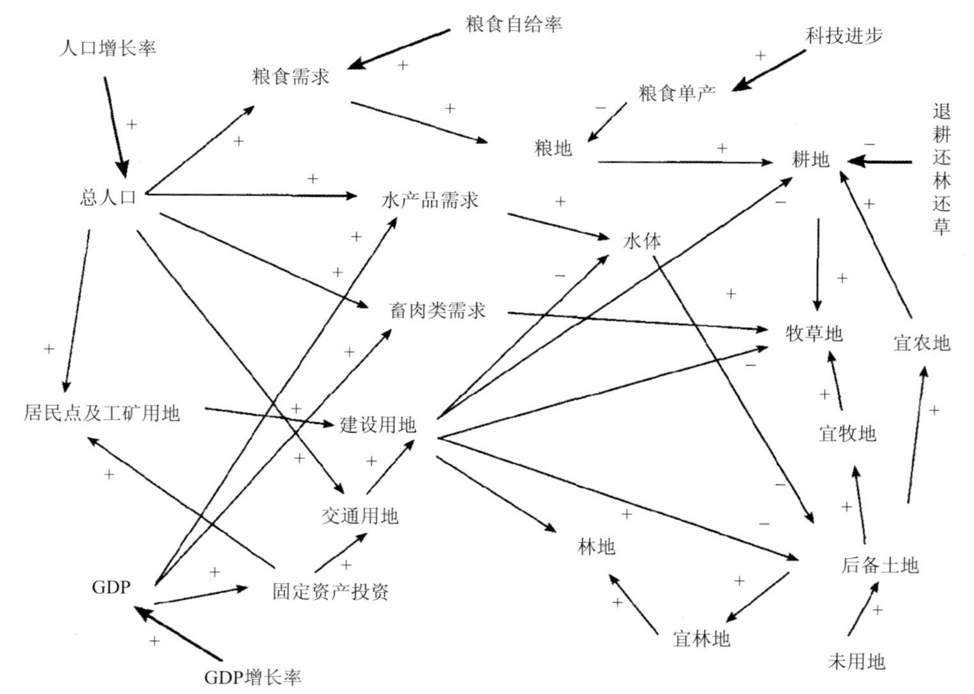

图 2-8　系统动力学因果回路图模型示例(何春阳等, 2005)

+表示促进；–表示抑制

2.3.2.2 基于CA的土地供给概率计算与空间分配模块

CA 模型是一种自下而上的时空动态模型，在时间、空间、状态上均离散运行，能够很好地解释元胞在空间上的相互作用和时间上的因果关系，可以模拟复杂系统的时空演变。LUSD 的土地供给分配模块以 CA 模型为基础，从土地利用继承性、适宜性和邻域约束的角度对土地需求进行空间分配。

在模拟时刻t，元胞转换为某土地利用类型的总概率可用式(2-7)表示，其中，$P_{K,x,y}$为元胞(x,y)转换为土地利用类型K的概率，$S_{K,x,y}$为元胞(x,y)转换为土地利用类型K的适宜性，$N_{K,x,y}$为周围元胞对元胞(x,y)的影响，$I_{K,x,y}$为元胞(x,y)在模拟时刻t保持为土地利用类型K的继承性（惯性），$V_{x,y}$为随机干扰因素的影响。

$$P_{K,x,y}=\left[\left(1+S_{K,x,y}\right)\times\left(1+N_{K,x,y}\right)-I_{K,x,y}\right]\times V_{x,y} \tag{2-7}$$

元胞适宜性$S_{K,x,y}$可用式(2-8)表示，其中，$\sum_{i=1}^{m}W_{i,K,x,y}\times S_{i,K,x,y}$为地形、交通等土地利用类型$K$的一般性驱动因子$i$的影响（$i=1,\cdots,m$），$S_{i,K,x,y}$为因素$i$的标准化值，$W_{i,K,x,y}$为权重；$\prod_{r=1}^{n}C_{r,K,x,y}$为一系列二值变量的乘积，表示土地利用类型$K$的强制性驱动因子$r$的影响（$r=1,\cdots,n$）。当元胞的土地利用类型为沙漠、冰川等难利用地，或位于生态保护区、永久基本农田等限制区时，$C_{r,K,x,y}$=0，即这些元胞不发生变化。

$$S_{K,x,y}=\left(\sum_{i=1}^{m}W_{i,K,x,y}\times S_{i,K,x,y}\right)\prod_{r=1}^{n}C_{r,K,x,y} \tag{2-8}$$

周围元胞对元胞(x,y)的影响$N_{K,x,y}$可用式(2-9)表示，其中，$W_{K.L.}$为土地利用类型为K的元胞与土地利用类型为L的元胞之间的相互作用权重。除以c表示的是距离越远，权重越低，即$W_{K.L.}$越低。可以理解为$W_{K.L.}/c$=$W_{K.L.c}$；$W_{K.L.c}$为土地利用类型为K的元胞与距离为c的土地利用类型为L的元胞之间的相互作用权重。两种土地利用类型之间的相互作用越强，$W_{K.L.c}$越大。$G_{c,l}$为一个二值变量，如果距离为c的元胞土地利用类型为L，则$G_{c,l}$=1，否则$G_{c,l}$=0。

$$N_{K,x,y}=\sum_{c}\sum_{l}W_{K.L.c}\cdot G_{c,l}=\sum_{c}\sum_{l}\frac{W_{K.L.}G_{c,l}}{c} \tag{2-9}$$

惯性$I_{K,x,y}$定义为0～1的常量值，值越大，表示元胞保持原有土地利用类型的惯性越强。

随机干扰因素的影响 $V_{x,y}$ 可用式(2-10)表示，其中，rand 为 0～1 的随机数，a 为表示干扰程度的常数。

$$V_{x,y} = 1 + \left[-\ln(\text{rand})\right]^{a} \tag{2-10}$$

在得到上述参数后，针对需求模块中得到的各种土地利用类型的宏观总量需求，再根据如下规则进行空间分配。按照不同模拟情景要求的土地利用转换优先级次序排列土地利用类型，首先保证满足前一种土地利用类型的需求，然后再分配下一种土地利用类型。在考虑了这种优先级后，根据元胞的土地利用变化概率 $P_{K,x,y}$ 的高低进行土地利用类型分配。对于土地利用类型 K，首先选出区域内转为 K 的概率大于转为其他土地利用类型的元胞，然后将元胞按照概率从高到低分配类型，直到满足土地利用类型 K 的需求总量。

2.3.3　模型总结与评价

在 LUSD 模型中，SD 模型可以较好地模拟不同情景下宏观驱动因子的表现，CA 模型可以较好地模拟微观土地利用变化空间过程；SD 模型和 CA 模型的结合，可以从宏观土地总量需求和微观土地供给平衡两个角度，有效模拟土地利用变化的多尺度影响过程，提高了模型的可靠性。然而，LUSD 模型仅采用预定义的经验公式计算转移概率，内嵌时空邻域效应参数，容易受主观影响，导致模型迁移性较差，难以在复杂环境下准确建立土地利用变化的驱动关系。

2.4　FLUS 模型

2.4.1　模型发展历史介绍

FLUS(future land use simulation)模型由中山大学刘小平团队于 2017 年开发(Liu et al., 2017)，是一种用于模拟人类活动与自然影响下的土地利用变化以及未来土地利用情景的模型。FLUS 模型由地理模拟与优化系统(geographical simulation and optimization system, GeoSOS)理论发展而来。由于在规划管理中，自上而下的方法无法解决许多复杂的空间优化问题，而基于群体智能(swarm intelligence, SI)的方法被认为可以有效地解决这些问题。CA、SI 以及多智能体系统(multi-agent system，MAS)被共同整合在 GeoSOS 理论中用来模拟地理过程(彭云飞，2018)。作为 GeoSOS 理论的发展和传承，FLUS 模型结合人工神经网络

(artificial neural network，ANN)算法和自适应惯性与竞争机制，改进传统 CA 模型，解决了传统 CA 模型中转换规则与参数确定复杂等问题，更加适用于多土地利用类型情景模拟，能够准确模拟在自然以及人类活动影响下的土地利用变化(Liu et al., 2017)。

目前，模型开发团队根据 FLUS 模型的原理开发了类土地利用变化情景模拟软件 GeoSOS-FLUS(https://geosimulation.cn/FLUS.html)，便于研究者使用 FLUS 模型模拟空间土地利用变化。

在 FLUS 模型的基础上，Liang 等(2018)针对城镇边界的划定问题构建了 FLUS-UGB 模型。FLUS-UGB 模型融合了形态学腐蚀膨胀分割和开闭运算方法，依据城市边缘状特征划定城镇开发边界，对多情景下土地利用模拟结果有效进行边缘提取和分割细化。有关城市增长边界(urban growth boundary, UGB)的划定方法，详见 Liang 等(2018)的文献，本节在此不作赘述。

2.4.2　模型结构与原理

FLUS 模型主要包含三个模块：土地需求模块、基于 ANN 的适宜性概率计算模块、基于自适应惯性与竞争机制的 CA 空间分配模块。在发展概率计算模块中，FLUS 模型从单期土地利用分布数据中采样，以避免误差传递的发生。根据单期土地利用数据及其社会经济和自然环境驱动因子数据，采用 ANN 算法计算各土地利用类型的适宜性概率。在模拟土地空间分配的过程中，FLUS 模型拥有一种基于轮盘赌选择的自适应惯性竞争机制，可以模拟各土地利用类型在自然环境与人类活动共同影响下发生转变时的不确定性与复杂性，有效提高模拟精度和准确性。FLUS 模型模拟流程如图 2-9 所示。

2.4.2.1　土地需求模块

在运行 FLUS 模型之前，首先需要使用 SD 模型、马尔可夫链等方法或使用政策预测数据确定未来土地利用类型变化的数量，将其作为模型的用地规模需求输入空间分配模块。

2.4.2.2　基于 ANN 的适宜性概率计算模块

ANN 是一种模仿人类大脑神经元结构而设计的智能算法，常用于估计多变量间的非线性关系(Li and Yeh, 2000)，能迭代学习数据与目标之间的复杂关系。ANN 的计算结果往往比较可靠，已被成功用于数据量大的非线性建模问题。ANN

由于具有非线性映射、自组织、自学习和自适应的特点，能最大限度消除土地利用适宜性概率中主观设定驱动因子权重的问题，使结果更为客观，已被广泛应用于许多复杂地理现象的模拟。

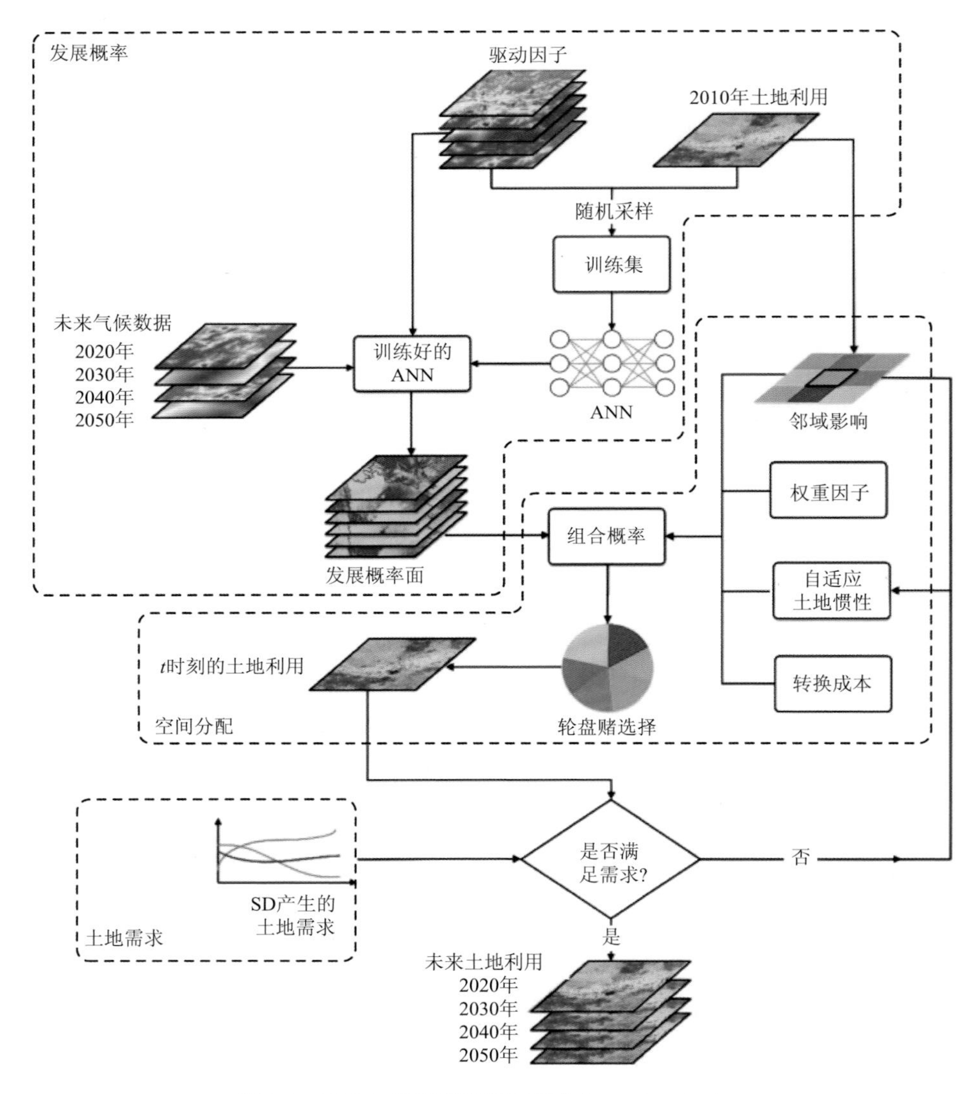

图 2-9　FLUS 模型模拟流程图（Liu et al., 2017）

FLUS 模型中的 BP（back-propagation）-ANN 是一种多层前馈神经网络，用于从单期土地利用数据的空间分布上采样、训练和评估每个栅格上各土地利用类型发生的概率，BP-ANN 包括一个输入层、一个或多个隐含层和一个输出层（图 2-10）。

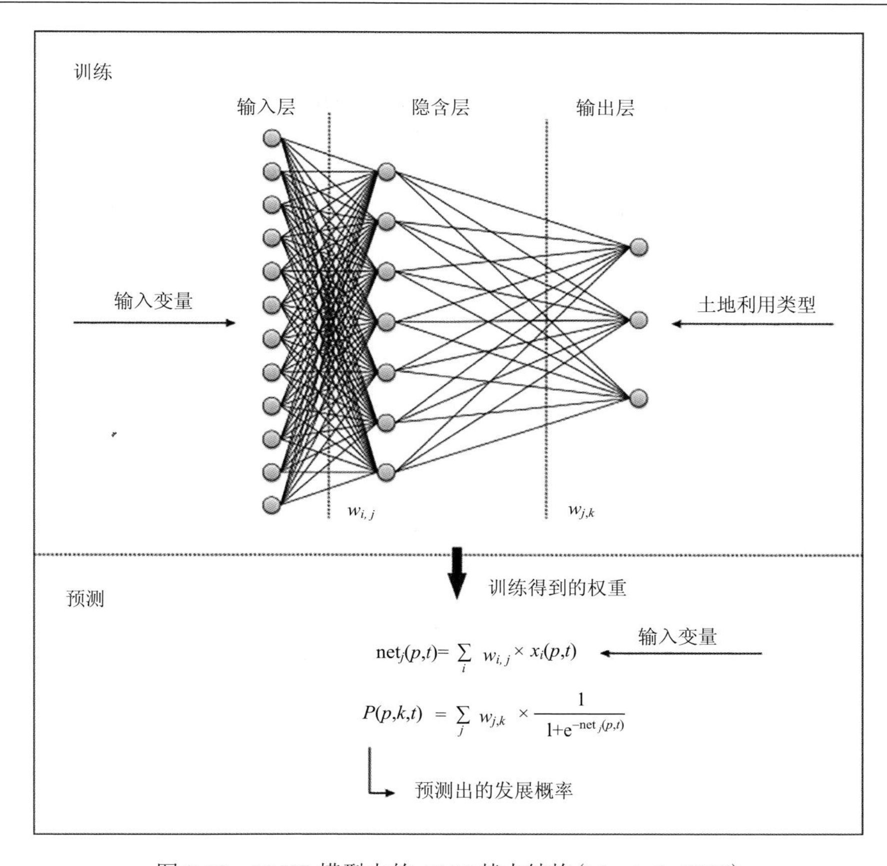

图 2-10 FLUS 模型中的 ANN 基本结构(Liu et al., 2017)

图 2-10 中输入层的神经元对应驱动因子，其表达形式如式(2-11)所示，其中，x_n 为输入层中的第 n 个神经元：

$$X=\left[x_1,x_2,\cdots,x_n\right]^{\mathrm{T}} \tag{2-11}$$

图 2-10 中隐含层是根据区域特点、土地利用类型、驱动因子个数以及专家经验确定的。在隐含层中，神经元 j 在时间 t 从栅格 p 上所接收的信号如式(2-12)所示，其中，$\text{net}_j\left(p,t\right)$ 为隐含层中神经元 j 接收的信号；$x_i\left(p,t\right)$ 为输入神经元 i 对应的第 i 个变量；$w_{i,j}$ 为输入层和隐含层之间的自适应权重，在训练过程中被校准。

$$\text{net}_j\left(p,t\right)=\sum_i w_{i,j}\times x_i\left(p,t\right) \tag{2-12}$$

图 2-10 中隐含层和输出层之间由 sigmoid 激活函数连接，如式(2-13)所示。

$$\text{sigmoid}\left(\text{net}_j\left(p,t\right)\right)=\frac{1}{1+\mathrm{e}^{-\text{net}_j\left(p,t\right)}} \tag{2-13}$$

图 2-10 中输出层的每个神经元对应每种土地利用类型，每个神经元的值表示栅格上土地利用类型的发展概率。在训练时间 t，栅格 p 上出现土地利用类型 k 的发展概率 $P(p,k,t)$，如式(2-14)所示， 其中，$w_{j,k}$ 为隐含层和输出层之间的自适应权重，与 $w_{i,j}$ 类似，也是在训练过程中被校准。在使用训练数据集对 $w_{i,j}$ 和 $w_{j,k}$ 进行训练和校准后建立的 ANN 可用于估计特定栅格上每种土地利用类型的发展概率。

$$P(p,k,t)=\sum_{j} w_{j,k} \times \operatorname{sigmoid}\left(\operatorname{net}_j(p,t)\right)=\sum_{j} w_{j,k} \times \frac{1}{1+\mathrm{e}^{-\operatorname{net}_j(p,t)}} \tag{2-14}$$

前述章节中的土地利用变化模拟模型在计算适宜性时，常单独计算各类土地利用分布与驱动因子的关系。FLUS 模型采用 ANN 进行适宜性估算，能更好地体现土地利用类型间的相互作用与竞争关系。此外，ANN 比传统的拟合方法(如 Logistic 回归等)更适合处理复杂的非线性问题，可以挖掘土地利用分布与多种驱动因子的复杂关系，具有明显的方法优势。

2.4.2.3　基于自适应惯性与竞争机制的 CA 空间分配模块

在 FLUS 模型中，土地利用类型变化的概率还取决于土地利用类型之间的转换成本、邻域条件、竞争和惯性，这些条件和 ANN 生成的发展概率结合，形成土地利用变化的组合概率。

FLUS 模型中考虑的邻域效应与传统 CA 模型相似。在栅格 p 处，土地利用类型 k 的邻域发展密度定义为式(2-15)；其中，$\sum_{N\times N}\operatorname{con}\left(\mathrm{c}_p^{t-1}=k\right)$ 为在上一次迭代时间 $t-1$ 内 $N\times N$ 窗口内土地利用类型 k 所占的栅格总数，w_k 为不同土地利用类型之间的可变权重，默认值为 1。由于不同土地利用类型存在不同的邻域效应，这里需要根据专家知识和模型试验确定每种土地利用类型的邻域权重值。

$$\Omega_{p,k}^{t}=\frac{\sum_{N\times N}\operatorname{con}\left(\mathrm{c}_p^{t-1}=k\right)}{N\times N-1}\times w_k \tag{2-15}$$

FLUS 模型采用自适应惯性表示先前土地利用类型的继承，定义了每个土地利用类型的自适应惯性系数，以根据宏观需求和分配的土地利用量之间的差异，自动调整每个网格单元上当前土地利用类型的继承性。其核心思想是，如果特定土地利用类型的发展趋势与宏观需求相矛盾，自适应惯性系数将动态调整该土地利用类型，以在下一次迭代中纠正土地利用发展趋势。例如，若未来规划需要更多土地利用类型 k，而土地利用类型 k 在迭代分配后减少，则自适应惯性系数将增加，以保留更多的土地利用类型 k，并促进其他土地利用类型向土地利用类型 k 转换。自适应惯性系数定义如式(2-16)所示，其中，I_k^t 为 t 时刻土地利用类型 k 的自适应惯性系数，D_k^{t-1} 为 $t-1$ 时刻土地利用类型 k 需求量与分配量之间的差异。如果土地利用类型 k 不是当前土地利用，则将其自适应惯性系数设置为 1，并且不会改变该栅格土地利用类型 k 的组合概率。

$$I_k^t = \begin{cases} I_k^{t-1}, & \left|D_k^{t-1}\right| \leqslant \left|D_k^{t-2}\right| \\ I_k^{t-1} \times \dfrac{D_k^{t-2}}{D_k^{t-1}}, & D_k^{t-1} < D_k^{t-2} < 0 \\ I_k^{t-1} \times \dfrac{D_k^{t-1}}{D_k^{t-2}}, & 0 < D_k^{t-2} < D_k^{t-1} \end{cases} \tag{2-16}$$

式(2-16)的含义如下：①如果土地利用类型 k 的发展趋势满足需求，即 $\left|D_k^{t-1}\right| \leqslant \left|D_k^{t-2}\right|$，则 t 时刻的自适应惯性系数将保持不变；②如果需求量小于当前分配量，且土地利用类型 k 的发展趋势与需求相矛盾，即 $D_k^{t-1} < D_k^{t-2} < 0$，自适应惯性系数将通过将前一次迭代的自适应惯性系数乘以 D_k^{t-2}/D_k^{t-1} 得到；③如果需求量大于当前分配量，并且土地利用类型 k 的发展趋势与宏观需求相矛盾，即 $0 < D_k^{t-2} < D_k^{t-1}$，则 t 时刻的自适应惯性系数将通过将先前系数乘以 D_k^{t-1}/D_k^{t-2} 得到。通过 CA 迭代中所有土地利用类型自适应惯性系数的动态调整，不同土地利用类型的分配相互竞争，最终完成所有土地利用类型分配与宏观需求的匹配。

转换成本表示当前土地利用类型向其他土地利用类型转换的难度，是影响土地利用动态变化的因素。转换成本仅反映土地利用的内在属性，而不考虑外界改变(如技术进步和人类活动)的影响。从原始土地使用类型 c 到目标土地利用类型 k 的转换成本用 $\mathrm{sc}_{c\to k}$ 表示。

综合考虑发展概率、邻域效应、自适应惯性系数和转换成本后，使用式(2-17)估算栅格 p 转化为土地利用类型 k 的组合概率。

$$\mathrm{TP}_{p,k}^t = P_{p,k} \times \Omega_{p,k}^t \times I_k^t \times \left(1 - \mathrm{sc}_{c\to k}\right) \tag{2-17}$$

先前章节介绍的土地利用变化模拟模型主要用概率大小或阈值确定栅格所属的土地利用类型，忽略了土地利用类型的竞争关系，即使主要类型分配了最大的组合概率，按照偶然性，其他土地利用类型仍有被分配的机会。鉴于这一思想，FLUS 模型使用轮盘赌选择机制确定栅格最终转为的土地利用类型。轮盘的每个扇区表示各土地利用类型，扇区的面积与其组合概率成比例，概率越大，被选择的概率则越大。对于每个栅格，均生成范围为 0～1 的均匀分布的随机数，在每次迭代中将随机数分配到特定扇区，即选择了相应的土地利用类型，如图 2-11 所示。通过这种轮盘赌选择机制，组合概率较高的土地利用类型更有可能被选择，而组合概率相对较低的土地利用类型仍有机会被分配。轮盘赌选择机制的随机特性使 FLUS 模型能够反映现实世界土地利用变化的不确定性，将模型的适用性扩展到跨越式土地利用模拟。

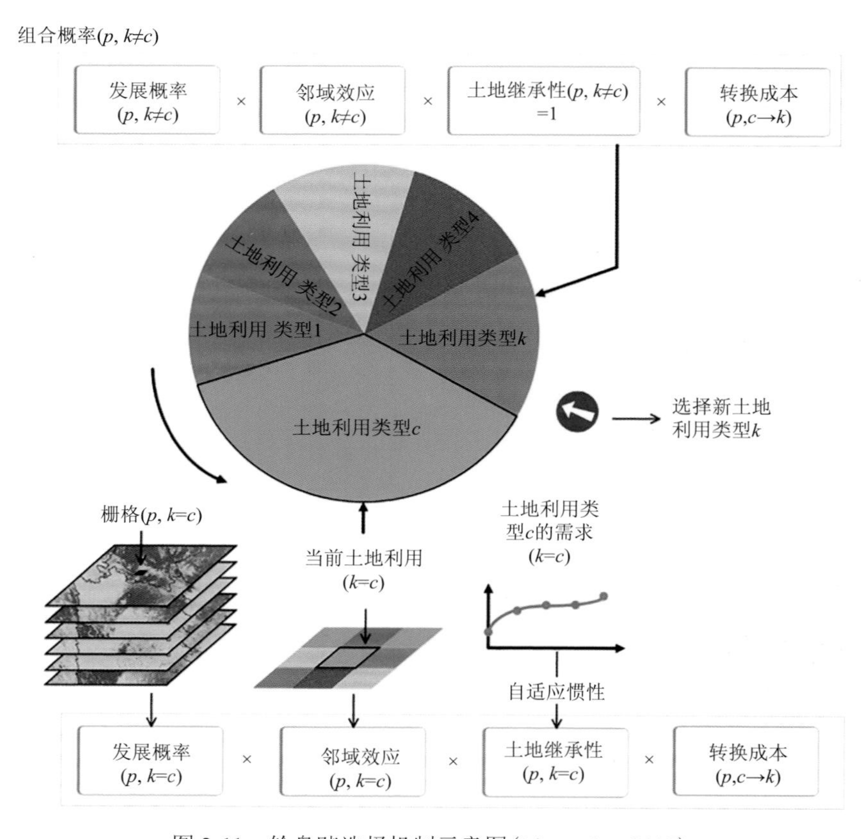

图 2-11　轮盘赌选择机制示意图(Liu et al.，2017)

2.4.3　模型总结与评价

FLUS 模型相对于传统 CA 多土地利用模拟模型而言有以下优势：FLUS 模型采用的 ANN 能够同时模拟驱动因子对多种土地利用类型的非线性驱动关系，体现了土地利用类型间的相互作用与竞争，能较好地模拟人类活动和自然生态对土地利用变化的复杂影响；自适应惯性和竞争机制解决了土地利用类型间的竞争关系，其随机特性使模型能够反映现实世界中土地利用/覆盖动力学的不确定性。基于上述优势，FLUS 模型可以更真实地模拟土地利用动态(Liu et al., 2017)，被证实可以有效应用于多种尺度和类型的土地利用变化模拟中，相较于传统土地利用变化模拟模型具有更高的模拟准确度。

值得注意的是，FLUS 模型尚未嵌套未来土地利用数量需求预测模块。在对未来土地利用变化进行模拟时，需要研究者先应用其他方法或使用预设情景确定未来土地利用变化的数量，以此作为模型输入。FLUS 模型采用格局分析策略(pattern analysis strategy，PAS)，仅需提取单期土地利用数据中各土地利用类型的样本进行训练，避免了两期土地利用数据的不一致导致的误差累积，且便于开展多类土地利用模拟。但由于该策略没有基于时段内的土地利用变化，FLUS 模型缺乏时段概念和对土地利用变化驱动机理的挖掘能力。此外，FLUS 模型中 ANN 和转换成本等参数在所有土地利用模拟时期均保持不变，缺乏考虑时间邻域的影响，可能会降低土地利用变化时间动态特征模拟的准确性。

2.5 PLUS 模型

2.5.1 模型发展历史介绍

承接 FLUS 模型的思想，中国地质大学(武汉)的梁迅等于 2021 年开发了 PLUS(patch-generating land use simulation)模型 (Liang et al., 2021)。相较传统土地利用变化模拟模型，PLUS 模型应用了新的土地扩张分析策略(land expansion analysis strategy, LEAS)，并采用随机森林模型挖掘各类土地利用变化的诱因。在土地需求方面，PLUS 模型可与多目标优化等算法耦合，对土地需求结果进行分配模拟，能够较好地支持规划政策以实现可持续发展。在空间分配方面，PLUS 模型使用基于多类随机斑块种子的 CA 模型(a CA model based on multi-type random patch seeds, CARS)模拟包括林地、草地等自然用地类型在内的多类土地利用斑块级别的变化。

PLUS 模型问世不久，正处于发展与完善阶段。由于其上述创新性，模型已得到了广泛的实证应用。模型开发团队基于 C++语言完成了 PLUS 模型的界面化软件开发(https://github.com/HPSCIL/Patchgenerating_Land_Use_Simulation_Model)，并在 v1.3.5 后的版本中考虑了规划政策，集成了基于随机森林的规划交通更新机制和规划开发区内的随机种子机制，将交通规划和规划开发区对城市发展的驱动引导作用考虑到城市发展过程中，解决了土地利用模拟研究中只能考虑保护区等规划约束、无法考虑规划政策的驱动和引导作用的问题(Liang et al., 2018)。关于规划政策对土地利用模拟的影响机制，详见 PLUS 模型开发网站，本节在此不作赘述。

2.5.2　模型结构与原理

PLUS 模型由三部分组成：土地需求计算、基于随机森林(random forest, RF)和 LEAS 的规则挖掘框架，以及基于 CARS 的 CA 空间分配模块(以 CARS 模块代指)。PLUS 模型框架流程如图 2-12 所示，举例使用 2003～2013 年的历史土地利用数据，模拟至 2035 年的土地利用变化。

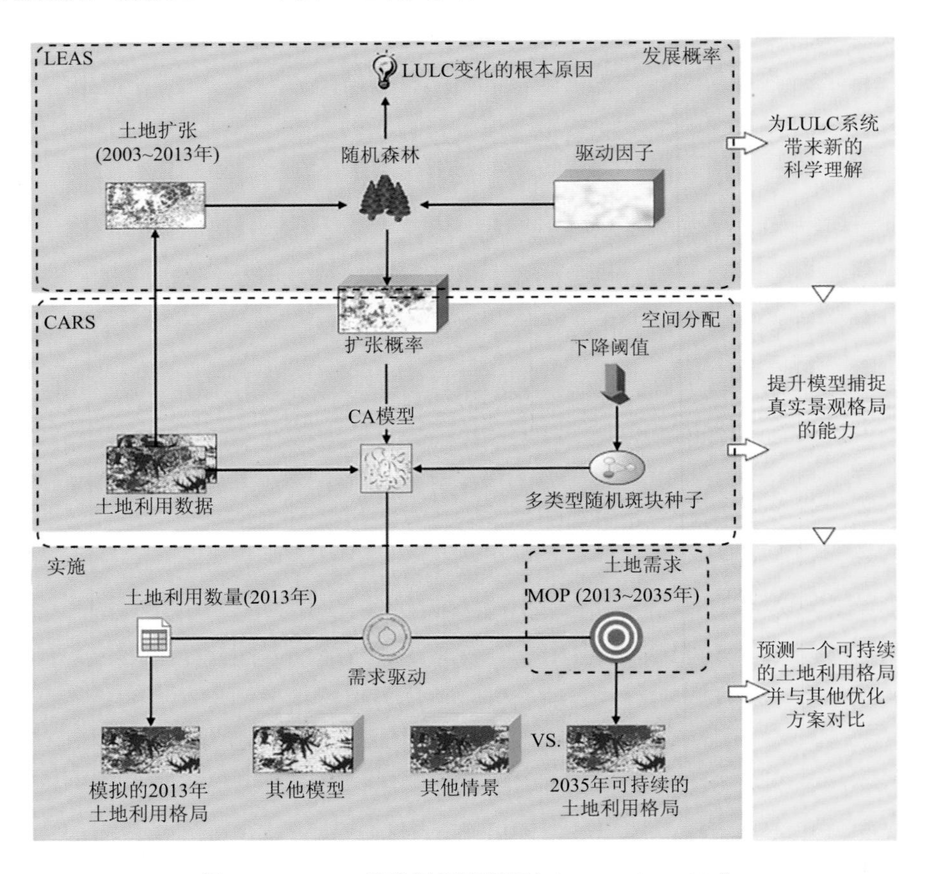

图 2-12　PLUS 模型框架流程图(Liang et al.，2021)

2.5.2.1　土地需求计算

土地需求通常利用外部模型求取。在叙述模型开发的论文中，多目标优化(multi-objective optimization, MOP)算法被用来确定不同情景下的最佳土地利用结构(Liang et al., 2021)。

2.5.2.2　基于 RF 和 LEAS 的规则挖掘框架

基于 RF 和 LEAS 的规则挖掘框架的工作流程如图 2-13 所示。

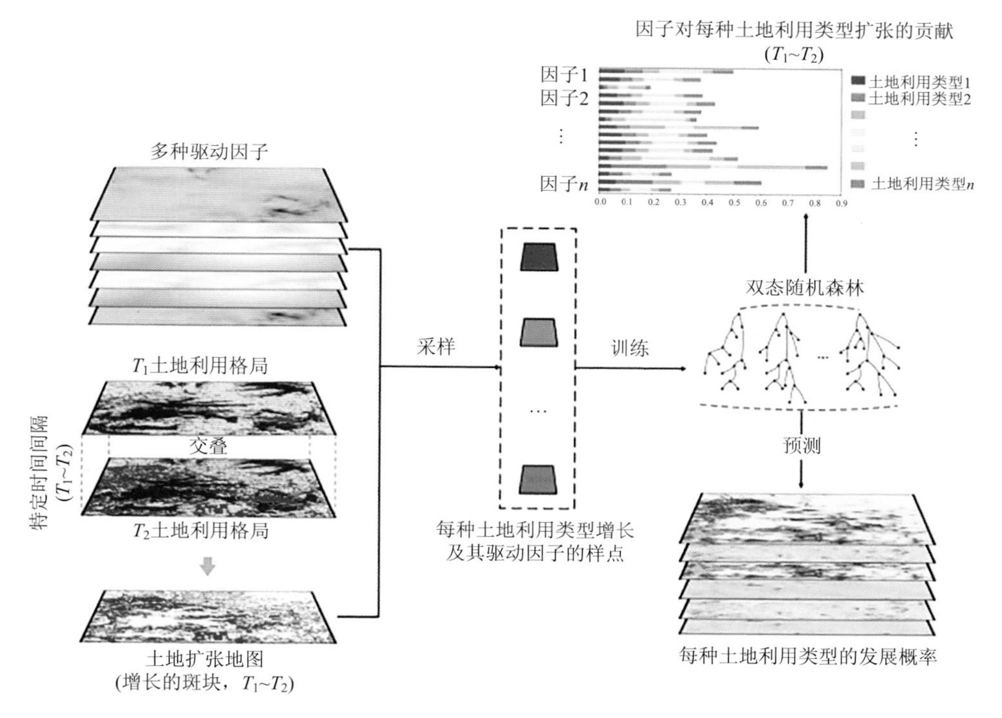

图 2-13　基于 RF 和 LEAS 的规则挖掘框架的工作流程(Liang et al., 2021)

LEAS 延续了两种经典的土地利用变化规则分析方法的思路。一种是格局分析策略(PAS)。在 PAS 中，土地利用的发展概率由土地现状与驱动变量计算获得。它以稳定的视角看待土地利用类型与驱动力的关系，即关心“什么样的驱动力导致不同的土地利用类型”。该策略仅需提取单期土地利用数据中各土地利用类型的样本，基于发展概率和土地竞争模拟，前述的 CLUE-S 模型和 FLUS 模型均基于 PAS 模拟。PAS 适合多类土地利用模拟，但由于仅使用单期历史土地利用数据，

PAS 缺少时段概念，没有为模型提供变化像元的信息，挖掘土地利用变化驱动机理的能力不足，在土地利用变化较为剧烈的区域难以取得较好的表现。此外，PAS 隐含着驱动关系不随时间变化的假设，而对于远期预测，这种假设往往很难成立。

为解决 PAS 缺乏变化像元信息这一不足问题，logistic-CA、ANN-CA 等模型采用了转化分析策略(transition analysis strategy, TAS)，该策略需要提取两期土地利用数据之间各土地利用类型相互转化的栅格样本，生成不同土地利用类型的转化概率，即关心“什么样的驱动力导致不同的土地利用类型间的转化”。然而，相比于 PAS，TAS 不适合多类土地利用模拟，因为该策略的复杂度将随土地利用类型的增多呈平方数增长。假设区域内有 K 种土地利用类型，那么就有 K^2-K 种可能的转换情况，不仅极大提高了计算的复杂度，还会造成某些转换情况的样本较为稀疏，无法完成模型训练。

PLUS 模型中使用的 LEAS 改进于 TAS 和 PAS。LEAS 则是从两期历史土地利用数据中提取不同土地利用类型的扩张栅格，并归纳发生各土地利用类型转入的原因，即关心“什么样的驱动力导致某土地利用类型的转入”。LEAS 仅分析了不同土地利用类型转入的原因，避免了不同土地利用类型转化类型的指数级增长，有效简化了土地利用变化的分析过程。利用 LEAS 获得的转化规则具有时间特性，能够描述特定时段内土地利用变化特征。

在 LEAS 获得的扩张栅格中随机采样后，进行标签设置。当挖掘某种土地利用类型发展与驱动因子之间的关系时，首先将该类型样点的标签设置为 1，其他样点的标签设置为 0。据此，使用和标记样本提取相同位置处的驱动因子，为数据挖掘算法构建训练数据集，以获得每种土地利用类型的扩张规则。PLUS 模型采用 RF 算法探索每种土地利用类型的扩张与多种驱动因子之间的关系。RF 算法适合运算高维数据，可以处理变量之间的多重共线性，并最终在栅格 i 处输出土地利用类型 k 的增长概率 $P_{i,k}^{d}$，如式(2-18)所示，其中，x 为由多个驱动因子组成的向量，M 为决策树的总数，$I(\cdot)$ 为决策树的指示函数，$h_n(x)$ 为向量 x 的第 n 个决策树的预测类型。$d=1$ 表示其他土地利用类型转为土地利用类型 k，$d=0$ 表示其他转变。此外，RF 算法还可以量化驱动因子对土地利用变化的重要性。

$$P_{i,k}^{d}(x)=\frac{\sum_{n=1}^{M} I\left(h_n(x)=d\right)}{M} \tag{2-18}$$

2.5.2.3 基于 CARS 的 CA 空间分配模块

CARS 是 PLUS 模型对 CA 模型的改进，加入了基于土地利用的多类型随机种子的斑块生成机制。土地需求通过自适应系数影响土地利用类型竞争，推动土地利用在模拟过程中达到未来需求。CARS 模块的工作流程如图 2-14 所示，其中黄色框图是模拟多类型斑块出现和生长的关键步骤。

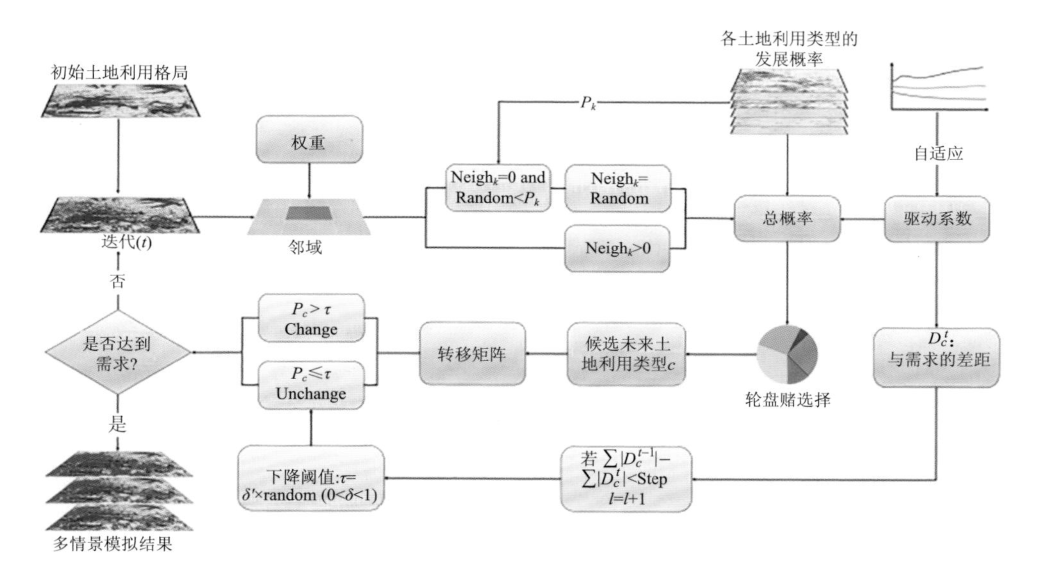

图 2-14 CARS 模块的工作流程(Liang et al., 2021)

1) 宏观需求与微观土地利用类型竞争之间的反馈计算

在 PLUS 模型中，土地利用类型 k 的组合概率 $OP_{i,k}^{d=1,t}$ 如式(2-19)所示，其中，$P_{i,k}^{d=1}$ 为栅格 i 处土地利用类型 k 的发展概率，$\Omega_{i,k}^{t}$ 为邻域发展密度[式(2-15)]，I_k^t 为自适应惯性系数[式(2-16)]。

$$OP_{i,k}^{d=1,t} = P_{i,k}^{d=1} \times \Omega_{i,k}^{t} \times I_k^t \tag{2-19}$$

2) 基于阈值下降的多类型随机斑块种子

为模拟多种土地利用类型的斑块演化，PLUS 模型采用了基于阈值下降的多类型随机斑块种子机制，通过控制组合概率的计算过程实现。组合概率如式(2-20)所示，其中，r 为 0～1 的随机数，μ_k 为生成类型为 k 的新土地利用斑块的阈值，该阈值由经验知识确定。

$$\mathrm{OP}_{i,k}^{d=1,t}=\begin{cases}P_{i,k}^{1}\times\left(r\times\mu_{k}\right)\times I_{k}^{t},\ \Omega_{i,k}^{t}=0\text{和}r<P_{i,k}^{1}\\ P_{i,k}^{d=1}\times\Omega_{i,k}^{t}\times I_{k}^{t},\ \text{其他}\end{cases}\tag{2-20}$$

产生新土地利用类型的种子可以生长出由具有相同土地利用类型的元胞(栅格)组成的新斑块。为控制土地利用斑块的生成，提出了竞争过程的阈值下降规则。如果新的土地利用类型在竞争中获胜，则采用递减阈值 τ 决定是否变为轮盘赌选择的候选土地利用类型 c，其变化规则如式(2-21)和式(2-22)所示，其中，D_c^t 为 t 时刻土地利用类型 c 需求量与分配量之间的差异，Step 为用于趋近土地需求的迭代步长，δ 为降低阈值 τ 的衰减因子，取值范围为 0～1，由专家知识设定；$r1$ 为平均值为 1 的正态分布随机值，取值范围为 0～2；l 为衰减次数。$\mathrm{TM}_{k,c}$ 为土地利用从类型 k 转为类型 c 的转移矩阵(Verburg and Overmars, 2009)。

$$\text{若}\sum_{k=1}^{N}\left|D_c^{t-1}\right|-\sum_{k=1}^{N}\left|D_c^{t}\right|<\text{Step},\ \text{则}l=l+1\tag{2-21}$$

$$\begin{cases}\text{Change},\ P_{i,c}^{d=1}>\tau\text{和}\mathrm{TM}_{k,c}=1\\ \text{Unchange},\ P_{i,c}^{d=1}\leqslant\tau\text{和}\mathrm{TM}_{k,c}=0\end{cases}\quad\tau=\delta^{l}\times r1\tag{2-22}$$

通过使用该阈值下降机制，具有较高组合概率的栅格通常最有可能发生变化。具有多类型随机斑块种子和阈值下降规则的 CARS 模型具有时空动态特性，允许新的土地利用斑块在约束组合概率的情况下自发增长和自由发展。

2.5.3　模型总结与评价

PLUS 模型应用新的用地扩张分析策略，采用 RF 算法挖掘各类土地利用扩张及其驱动因子的关系，获取各类土地利用类型的发展概率以及驱动因子的贡献。LEAS 融合了 TAS 和 PAS 的优势，保留了模型在时段内分析土地利用变化机理的能力，提高了模型的解释性。PLUS 模型采用基于随机斑块的 CA 算法，使土地斑块的生长更符合景观生态学特征，能更好地模拟多类土地利用斑块级别的变化。

在最新版本的 PLUS 模型中，交通规划和规划开发区对城市发展的驱动引导作用被考虑到了城市发展过程中，解决了传统土地利用变化模拟模型只能考虑规划的约束(保护区、禁建区)、无法考虑规划政策的驱动和引导作用的问题。这种改进具有普适性，使得参与模型预测的未来变量(如人口、GDP、气温、降水等)也可以用该方法考虑进来，提高模型模拟的准确性。

尽管如此，PLUS 模型仍存在一定的局限性。模型采用 LEAS 在一定程度上忽略了转入类型的特征，虽然有效解决了 TAS 复杂度过高的问题，但这种忽略削弱了样本的完备性，相当于只为土地利用类型的转换提供了正样本，而没有为不变的土地提供负样本。此外，如果区域内土地变化幅度较小，训练样本的充足性也难以得到保证。因此，LEAS 更适合应用在变化像元占主导地位的区域。在邻域影响方面，PLUS 模型同样需要人为给定空间影响参数，并且忽略了时间邻域的影响。此外，PLUS 模型所采取的参数虽然可以控制景观格局的发展，但缺乏显式的景观生态学意义，无法对斑块聚集性进行有效控制。

2.6 STAPLE 模型

2.6.1 模型开发背景

上述模型为土地利用变化建模提供了较为完善的工具和成熟的技术框架。然而，为实现更加准确的土地利用变化模拟，仍需讨论模型的改进空间，探索土地利用变化模拟的新方法。

2.6.1.1 发展概率计算

在发展概率的计算中，现有方法在对土地利用变化非线性过程的建模和对时空邻域信息利用上存在不足。一方面，土地利用变化是一个复杂的非线性过程(Schulp et al., 2008)，需要非线性模型表达这些驱动关系。传统模型大多采用基于线性假设的建模方法计算发展概率，如 Logistic 回归法(Meentemeyer et al., 2013; Veldkamp and Fresco, 1996)，难以充分表达其中的非线性驱动关系(Ding et al., 2013; Gharaibeh et al., 2020)。另一方面，土地利用变化的过程中存在复杂的时空依赖性(He et al., 2018; Sidharthan and Bhat, 2012)。理论上，某一位置的土地利用变化不仅受到自身时空位置上驱动变量的影响，还会受到其时空邻域内其他位置的影响(Shafizadeh-Moghadam et al., 2017; Tong and Feng, 2020)。对空间邻域而言，根据地理学第一定律，邻近位置对目标单元的影响往往比遥远地区更大(Tobler, 1970)；对时间邻域而言，某一位置上土地利用类型的转化存在“惯性”，它往往是在其历史时刻上积累而成的结果，而非“突变”(Xing et al., 2020)。现有模型采用邻域计数法(Meentemeyer et al., 2013; Veldkamp and Fresco, 1996)或自定系数法(何春阳等, 2005; Liu et al., 2017)表达空间效应，简化了空间邻域信息的作用，并且普遍缺乏对时间效应的考虑，制约了土地利用模拟精度的提升(Liu et al., 2018)。

2.6.1.2　景观格局控制

不同土地利用的变化所构成的景观格局能够对各种地表过程产生不同影响。景观是由多个生态系统构成的异质性地域或不同土地利用方式的镶嵌体(胡巍巍等, 2008)。景观格局在地表过程研究中表现为不同土地利用或覆被类型的数量及其空间分布和配置(傅伯杰等, 2003)，其具体分类如表 2-1 所示(McGarigal, 2015)。表 2-1 中“构成”一类考虑了景观中斑块类型的多样性和丰富性相关的特征，而不考虑景观的空间或位置；而“空间形态”则考虑景观中像元或斑块的空间排列、位置或方向特征。

表 2-1　景观格局的指标分类

分类	指标	描述
构成	丰度	各类像元或斑块的数量或比例
	均衡度/优势度	不同斑块类型的相对丰度，即各类像元或斑块之间的相对数量关系
	多样性	丰度和均匀度的综合衡量，如二者的加权求和
空间形态	面积和边缘特征	与斑块尺寸相关的度量，如斑块面积、延伸度、周长等
	形状复杂性	斑块几何形状的相关度量，如周长面积比等
	核心面积	斑块内部不受其边缘影响的区域大小，往往取决于用户指定的缓冲区
	对比度	斑块类型之间的相对差异程度。例如，林地斑块与草地斑块间的对比度，往往比其与城市斑块间的对比度低
	聚集性	斑块的聚集程度

景观格局既是各种生态过程在不同尺度上共同作用的结果，反过来也诱导着各种生态过程的发展演化(苏常红和傅伯杰, 2012)，因此在地表过程研究中具有重要意义。大量研究表明，土地利用的景观格局对生态风险、生态系统服务、灾害过程等具有重要影响。其中，景观的空间形态，特别是景观聚集性的作用尤为突出。例如，城市的蔓延扩张导致区域生态风险加剧(侯蕊等, 2021)，城市化过程中伴随的景观破碎化对生态系统服务造成损失(Su et al., 2012)等。此外，城市暴雨洪涝相关研究表明，连片的建设用地正在成为主要的高产流区(王凯, 2017)，城市用地的大面积聚集发展导致洪涝风险上升(袁玉等, 2020)，而建设用地斑块的聚集度越高、破碎度越低，洪涝灾害风险就越高，而绿地斑块对洪涝风险的影响则相反(唐钰嫣等, 2021)。因此，在土地利用变化模拟模型中实现对景观格局尤其是景观聚集性的控制，对预测不同土地变化模式下地表过程的演化、评估不同发展情

景下城市洪涝风险分布、及时调整和优化应对策略、实现区域可持续发展具有重要意义。

现有模型在土地利用变化景观格局的控制上仍然存在不足，难以研究不同土地发展策略对景观生态过程的影响。例如，传统的CA-Markov模型、CLUE系列模型等，仅依据发展概率的大小进行元胞状态转换(杨国清等, 2007; Veldkamp and Fresco, 1996)，无法在模拟过程中进行景观格局层面的干预；PLUS模型采用基于斑块增长策略的CA算法(CARS)，其参数能够在一定程度上改变模拟结果的景观格局(Liang et al., 2021)，但缺乏显式的景观生态学意义，特别是无法对斑块聚集性进行有效控制；FUTUREs模型能够控制城市扩张的景观格局，但只局限于二元状态的CA模拟，即城市用地-非城市用地的模拟，无法实现多种土地利用类型的竞争和模拟(Meentemeyer et al., 2013)，制约了该模型在区域发展中的应用。

为提高土地利用变化的模拟精度、实现顾及景观生态聚集性的多类型土地利用变化模拟，开展针对不同土地利用景观格局的地表过程研究，笔者团队提出了一种基于时空卷积并顾及景观生态聚集性的土地利用/覆盖变化模型(spatiotemporal convolution-based land use/cover change model concerning aggregation properties in landscape ecology, STAPLE)。STAPLE模型是一种基于神经网络算法和CA的土地利用变化模拟模型。该模型根据土地利用现状、自然和社会驱动因子、未来的土地需求、区域发展政策和空间约束等，模拟未来情景下土地利用的格局及其演化过程，以期为未来情景下城市暴雨洪涝风险评估及辅助决策提供新方法。

2.6.2 模型结构与原理

作为一种基于CA算法的土地利用变化模拟模型，STAPLE模型主要包括两大模块：发展概率计算模块和空间分配模块，其结构框架如图2-15所示。其中，发展概率计算模块利用时空卷积神经网络(spatiotemporal convolutional neural networks, STCNN)，通过时空卷积的方式，计算每个栅格位置上各种土地利用类型的发展概率；空间分配模块使用一个顾及景观生态学聚集性特征的CA算法(cellular-automaton concerning aggregation properties in landscape ecology, CAPLE)，根据发展概率、土地需求及空间约束，模拟出目标状态下的土地利用格局。

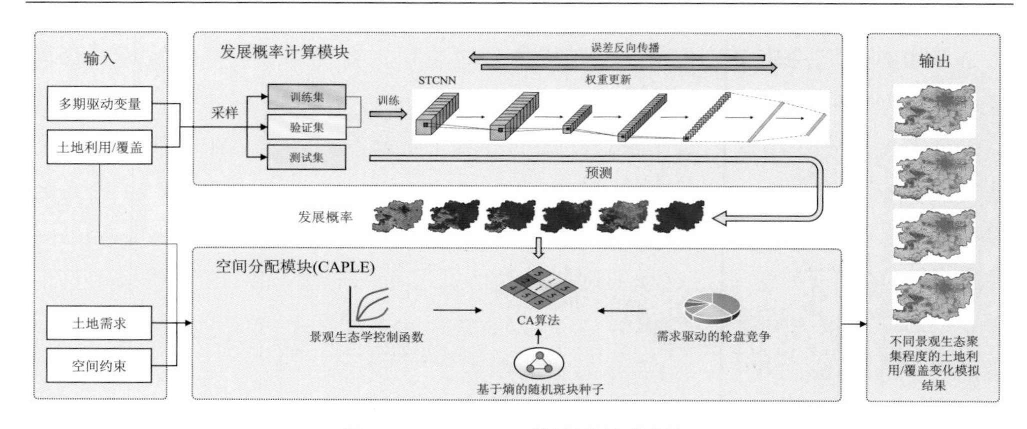

图 2-15　STAPLE 模型的结构框架

2.6.2.1　土地需求计算模块

在运行 STAPLE 模型之前，需要利用趋势外推法等外部方法计算土地需求，或者使用其他已知情景下土地需求计算数据，如 LUH（land-use harmonization）数据。获得土地需求后，将其作为发展概率计算模块和空间分配模块的输入。

2.6.2.2　发展概率计算模块

发展概率是一组栅格图，它给出了各栅格位置上发展出每种土地利用类型的概率值。它通常是采用回归模型或机器学习算法，通过土地利用类型与自然、社会的驱动因子（如海拔、气温、人口、GDP 等）之间的关系计算。现有模型由于在对土地利用变化非线性驱动关系的建模和对时空邻域信息利用上存在不足，需要借助其他方法对发展概率的计算进行改进。随着机器学习技术的发展，神经网络模型在时空信息处理和非线性建模上展现出巨大的优势。在土地利用变化模拟中使用 ANN 算法，是改进模拟方法、提高模拟精度的有效途径（Basse et al., 2014）。目前，RF、支持向量机（support vector machine, SVM）、ANN 等与 CA 算法相结合，能够提高土地利用变化的模拟能力（熊华等，2009; Gharaibeh et al., 2020; Grekousis, 2019; Liang et al., 2021; Yang et al., 2008）。卷积神经网络（convolutional neural networks, CNN）作为一类采用卷积运算且具有深度结构的前馈神经网络，以其在邻域特征提取和非线性建模上的独特优势，广泛应用于计算机视觉、自然语言处理等领域。在 STAPLE 模型的发展概率计算模块中，借助三维卷积神经网络（three-dimensional convolutional neural network, 3D-CNN）实现时空卷积，有助于解决现有模型在时空依赖性方面的不足。

STAPLE 模型的发展概率计算模块包含预处理子模块、采样子模块、训练子模块和预测子模块，各子模块的衔接关系和功能如图 2-16 所示。其中，预处理子模块负责输入数据的读取、合法性检验、格式转换以及归一化操作；采样子模块包括训练样本的采集、清洗、扩充，并划分训练集和测试集；训练子模块负责 3D-CNN 的构建、训练以及质量检验；预测子模块进行区域发展概率的计算，最终完成输出和存储。

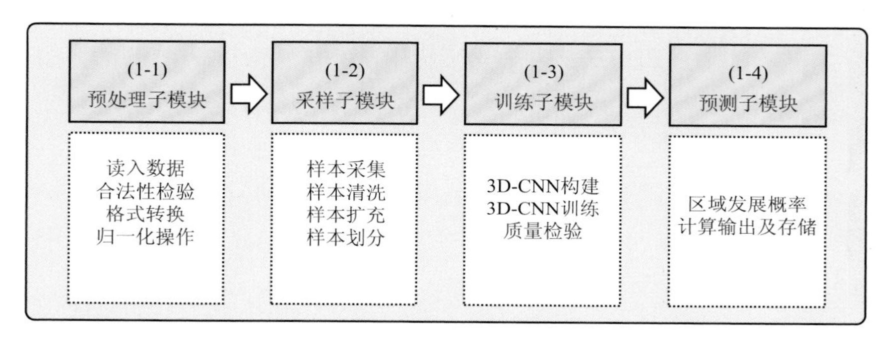

图 2-16 发展概率计算模块的结构和功能

1) 3D-CNN 的概念与结构

3D-CNN 是传统 CNN 在时间维度上的扩展，它首先被应用于数字视频处理领域，能够很好地处理具有时空依赖性的分类问题或回归问题(Ji et al., 2013)。通常情况下，3D-CNN 由一个输入层、若干卷积层、若干池化层、若干全连接层，以及一个输出层构成。输入层负责接收结构化的输入数据；卷积层进行三维卷积运算，提取时序数据中的时空特征；池化层负责将时空特征进行汇总，同时实现数据降维，以便减少计算量；全连接层将卷积层、池化层所得到的特征进行非线性重组，最终将分类或回归结果传递到输出层。在土地利用变化模拟中，使用多个时间节点上的驱动变量，选定合适的时空窗口，可以利用 3D-CNN 实现时空卷积，实现目标像元时空邻域内信息的联合提取和利用，并发挥神经网络在非线性建模中的突出优势(Geng et al., 2022)。

3D-CNN 的核心是三维卷积运算。三维卷积运算的原理如图 2-17 所示。它把数据组织成若干立方体，每个立方体为一帧，每一帧上有若干通道，每个通道里装载一个驱动变量。它的卷积核除具有空间维度以外，还具有时间维度。卷积操作同时在时间和空间的维度上进行滑动，就可以提取到驱动变量中的时空特征。对于每个卷积层，其输入数据经过卷积计算后，将生成若干包含多通道的新帧，依此类推在网络中传递。以一个具有三期驱动变量的时空卷积运算为例，如图 2-17 所示，假设用 k_1 个卷积核对具有 k_0 个通道、时间维度为 t（图 2-17 中 t=3）的驱动变量进行时空卷积，将会得到通道数为 k_1、时间维度为 $t-1$ 的特征图，图 2-17 中相同颜色的点画线代表卷积核上的同一组共享权值。

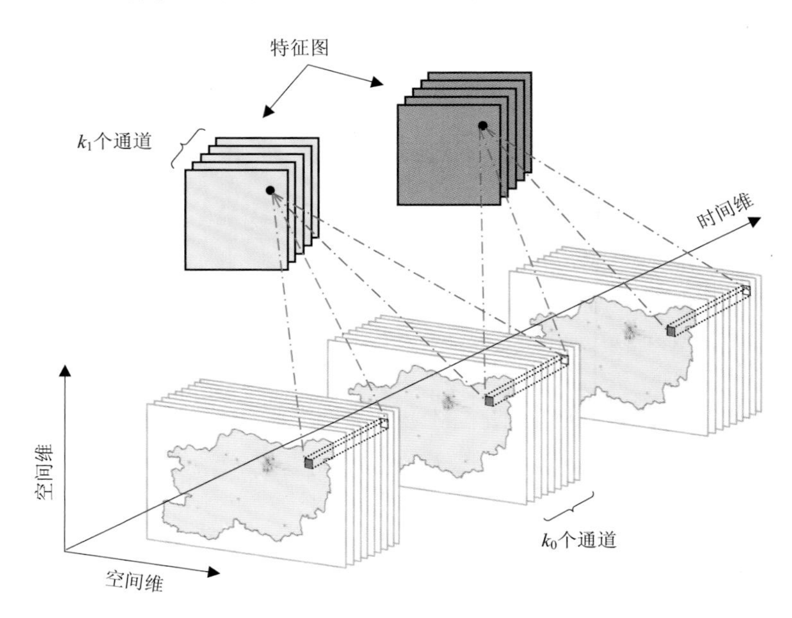

图 2-17　三维卷积运算的原理图

式(2-23)给出三维卷积在数学上的表示(Ji et al., 2013)，其中，i 为卷积层号，j 为该层的特征图号，(x,y,z) 表示时空位置，则 $v_{i,j}^{(x,y,z)}$ 表示第 i 层第 j 个特征图的 (x,y,z) 位置上的数值，$\sigma(\cdot)$ 为激活函数，$b_{i,j}$ 为第 i 层第 j 个特征图的偏置值，m 为 $i-1$ 层上与第 i 层第 j 特征图相连的特征图编号，P、Q、R 分别代表卷积核的长、宽、时间窗口，$w_{i,j,m}^{(p,q,r)}$ 为与前层第 m 个特征图相连的卷积核上 (p,q,r) 位置的权值。

$$v_{i,j}^{(x,y,z)}=\sigma\left(b_{i,j}+\sum_{m}\sum_{p=0}^{P_i-1}\sum_{q=0}^{Q_i-1}\sum_{r=0}^{R_i-1}w_{i,j,m}^{(p,q,r)}v_{(i-1),m}^{(x+p),(y+q),(z+r)}\right)\tag{2-23}$$

从以上介绍中不难理解，与其他方法相比，卷积运算具有独特的优势。它能够通过卷积核的滑动，自动提取输入数据中的邻域特征；并且与人们熟知的 2D-CNN 相比，3D-CNN 在保留空间邻域内卷积运算的同时，在相邻时间帧之间也进行了卷积运算，从而建立起时间维度上的依赖关系，实现了历史演化特征的提取和利用。此外，与现有模型的“参数法”相比，3D-CNN 是一种数据驱动的非参数计算方法，它借助反向传播算法获得各个卷积核上最理想的参数值，避免了人为因素的干扰，并且能够利用人们难以洞悉的复杂的、抽象的、高维的特征。

在 STAPLE 模型中，STCNN 的结构需要由研究者自行设定。至于何种网络结构能取得最优的效果，则因问题、区域而异。图 2-18 给出一种可行的网络结构，供读者参考。

2）采样模块

STCNN 需要经过大量的样本训练，充足、完备的训练样本是获得良好预测效果的前提和保证(Schmidhuber, 2015)。一般而言，训练一个网络所需的样本数量与网络的规模或问题的复杂程度呈正相关关系，面向的问题越复杂，网络中待训练的参数越多，所需的样本量就越多(Goodfellow et al., 2016)。然而，关于网络最优样本量应该取多大，目前仍没有定论，一定程度上取决于研究人员的经验判断。除考虑样本的数量以外，还需要考虑训练样本是否有效覆盖了整个问题空间，即样本的完备性，如果样本少到不足以覆盖整个问题空间，那么系统也会出现信息缺失，造成网络的预测性能较差。因此，在获取训练样本时应注意满足充足、完备的原则。

对于 3D-CNN，训练样本的形式是一系列时空立方体 X 及其对应的标签 y。数据立方体 X 的尺寸为 $t\times m\times n\times k$，其中，$t$ 为时间维度的长度，m、n 分别为样方在空间维度上的长、宽，k 为通道数，即驱动变量的个数；标签 y 为对应样方中心位置上土地利用的真实值。通常情况下，m、n 宜取相等值，即取正方形样方，且边长应为奇数，以便确定其中心位置。

针对不同的应用场景，STAPLE 模型提供了三种采样策略以供选择，分别为 PAS、LEAS 和格局及扩张分析策略(PEAS)，以满足训练样本的完备性(有关 PAS 和 LEAS 的详细描述，详见 2.5.2 节)。为使 PAS 与 LEAS 的优势得到互补，既关注土地利用在某一时间跨度下的转换过程，又能保证训练样本的充足性和完备性，STAPLE 模型提供了一种新的采样策略，即 PEAS。在这种策略中，发展概率由前后两期土地利用上扩张及不变像元与驱动变量计算获得。PEAS 同样以变化的视角看待土地利用类型的转换过程，但它既关注变化位置的特征，又关注不变位置的特征，从而保证训练样本的完备性。同时，这种策略不受区域内土地变化规模的影响，可以根据实际情况调整变化样本与不变样本的比例。在变化幅度较大的区域，可以增加变化像元样本的比例；而在变化幅度较小的区域，变化像元无法提供充足样本时，可以增加不变像元的比例作为补充。因此，PEAS 提供了一

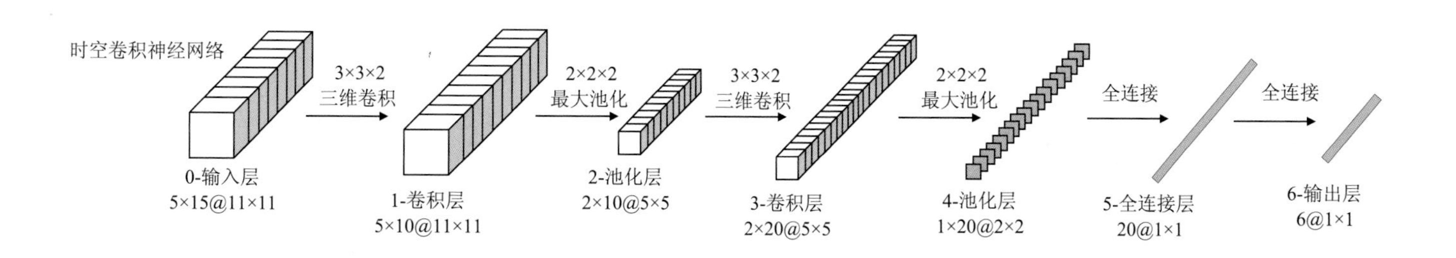

图 2-18　STCNN 的参考结构

种较为灵活的采样方法，并能较好地适配于 STCNN。

STAPLE 模型提供的三种采样策略如图 2-19 所示。图 2-19(a)是 PAS 的实现过程，假设当前时刻为T，它将当前时刻的土地现状采样为y，将历史至当前时刻的驱动变量采样为X，以此构建驱动变量与土地利用类型之间的映射关系。图 2-19(b)

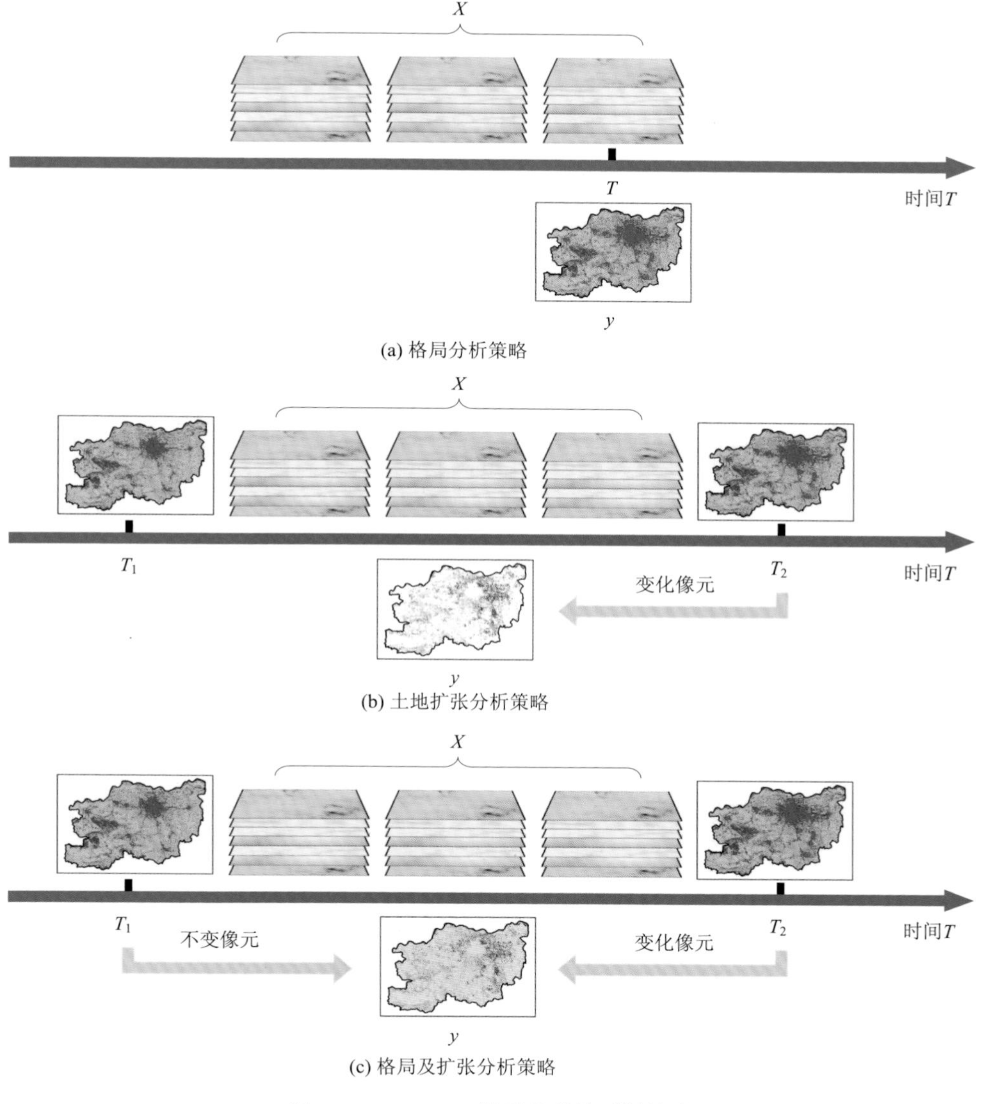

图 2-19 STAPLE 模型提供的采样策略

是 LEAS 的实现过程，假设历史某一时刻为 T_1 ，现状时刻为 T_2 ，首先，通过叠加 T_1 与 T_2 时刻的土地利用图，确定变化像元的位置，并将像元变化后的类别采样为 y ；然后，收集 $T_1 \sim T_2$ 的多期驱动变量，并将相应位置的驱动变量采样为 X 。图 2-19(c) 是 PEAS 的实现过程，假设历史某一时刻为 T_1 ，现状时刻为 T_2 ，首先，通过叠加 T_1 与 T_2 时刻的土地利用图，确定变化像元的位置和不变像元的位置，从变化像元中抽取一定数量的样本，并将变化后的类别采样为 y_1 ，再从不变的像元中抽取一定数量的样本 y_2 ，最终由 y_1 与 y_2 合并构成总的样本标签集合 y ；然后，收集 $T_1 \sim T_2$ 的多期驱动变量，并将以上采样位置的驱动变量采样为 X 。

值得注意的是，无论使用何种采样策略，在数据准备阶段，都应先将驱动变量进行归一化操作，从而避免 BP 算法中发生梯度消失、梯度爆炸或其他与此相关的数值问题(Goodfellow et al., 2016)。

在以上三种采样策略中，样本采集子模块为用户提供了随机抽样(random sampling)和分层抽样(stratified sampling)两种抽样方法。随机抽样即在整个研究区内随机、无放回地抽取一定比例的样本，其抽样结果中各土地利用类型的数量分布与整个研究区内的土地利用类型数量分布一致。分层抽样采取均匀分配法，某一位置被抽中的概率值遵循式(2-24)，其中，i 指示像元位置，p_i 为 i 位置被抽中的概率，N 为研究区的总像元数，k 为土地利用类型，N_k 为研究区内土地利用类型为 k 的像元总数。根据式(2-24)，位置 i 被抽中的概率值 p 与位置 i 的土地利用类型 k 的像元总数成反比。按照此 p 值进行随机、无放回地抽样，则可以使得最终样本集合中各种土地利用类型的样本数尽可能接近。

$$p_i = \frac{N}{N_k} \Big/ \sum_i \frac{N}{N_k} \tag{2-24}$$

除此之外，采样子模块还提供了其他的配套方法，包括样本清洗、样本扩充、样本划分等。由于研究区的土地利用及驱动变量样本难免含有空值，样本清洗可以去掉包含空值的样本，保证顺利完成 STCNN 的训练。样本扩充可以在样本规模不足时倍增样本数量，它是利用 CNN 特征提取的平移旋转不变性(Wan and Goudos, 2020)，将样本时空立方体在空间维度上进行旋转：当进行一折倍增时(fold=1)，样本将在空间上顺时针旋转 180°，样本数变为原来的 2 倍；当进行二折倍增时(fold=2)，样本将在空间上顺时针旋转 90°、180°和 270°，样本数变为原来的 4 倍。样本划分是将样本按一定比例随机划分为训练集和验证集，以便进行 STCNN 的训练。

3）模型训练模块

STCNN 的训练属于监督学习，其本质上是一种数据驱动的参数优化过程。它先随机初始化网络参数，再通过梯度下降法和误差反向传播，迭代调整网络中的权值，使其输出值与预期值的误差最小化（Krizhevsky et al., 2017）。有关神经网络训练的具体概念、原理与过程，读者可参考机器学习领域的相关著作。本节将主要介绍 STAPLE 模型为防止过拟合而采取的早停法，以及用于检验模型质量的 ROC-AUC 法。

A. 早停法（early stopping）

为获得性能良好的神经网络，在训练过程中需要进行超参数的决策（He et al., 2019）。迭代轮次是关键的超参数之一。它是指所有训练样本在神经网络中完成一次前向计算和误差反向传播的过程，在实际训练时，需要进行多个迭代轮次才能使网络完成收敛。当训练神经网络时，不仅希望模型能收敛到最优解处，还要尽可能获得最好的泛化性能。但是，所有神经网络模型都容易发生过拟合，即网络在训练集上表现出很小的误差，但在测试集上表现出较大的误差（Goodfellow et al., 2016）。迭代轮次数量对于控制网络的训练程度具有重要影响，如果迭代轮次数量太少，网络很可能发生欠拟合；如果迭代轮次数量太多，则有可能发生过拟合。因此，需要选定合适的迭代轮次数量使神经网络的训练效果达到最优。

早停法旨在解决迭代轮次数量需要人为设置的问题，是避免过拟合的有效手段（Prechelt, 1998a）。它通过监测模型在训练集（training set）和验证集（validation set）上的表现评估网络的训练程度。其理论基础如图 2-20 所示。在理想情况下，当训练集和验证集的损失值一同减小，或精度值一同增大时，模型处于欠拟合阶段，需要继续训练；当训练集损失值减小但验证集损失值增大，或训练集精度值增大但验证集精度值减小时，很可能发生了过拟合（Prechelt, 1998b）。在实际应用中，损失值和精度值均会出现不可避免的波动，因此需要设置一个容忍周期（Tolerance）来表示可容忍的损失值增加的迭代轮次的数量，连续观察上述指标的变化情况，当满足某种标准时停止训练。STAPLE 模型中采用第三类停止标准，即当验证集上的损失值在连续 Tolerance 个迭代轮次中上升时停止训练，并将网络参数退回到损失值最小的一轮，从而保证模型的泛化性能。

B. ROC-AUC 检验

为检验 STCNN 模型的分类性能，STAPLE 模型采用 ROC 曲线衡量其对各种土地利用类型的区分能力，以避免使用欠拟合的分类器计算发展概率。对于一个二分类问题，根据其预测值与真实值的不同组合，可以将所有样本分为真阳性

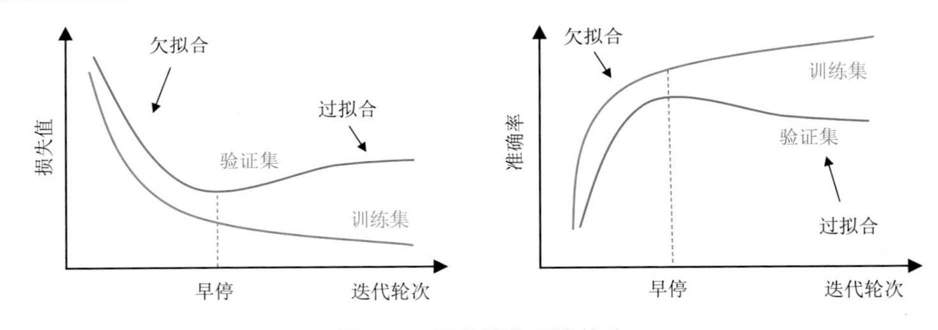

图 2-20　早停法的理论基础

(true positive, TP)、伪阳性(false positive, FP)、伪阴性(false negative, FN)和真阴性(true negative, TN)。ROC 曲线是一个画在二维平面上的曲线，平面的横坐标是假阳率 (false positive rate, FPR)，纵坐标是真阳率(true positive rate, TPR)(Fawcett, 2006)，式(2-25)给出 TPR 和 FPR 的计算方法。

$$\mathrm{TPR}=\frac{\mathrm{TP}}{\mathrm{TP}+\mathrm{FN}},\ \mathrm{FPR}=\frac{\mathrm{FP}}{\mathrm{FP}+\mathrm{TN}} \tag{2-25}$$

对任意一个二分类器，任取一个确定的分类阈值，可以根据其分类结果得到一个 TPR-FPR 点对，并映射为 ROC 平面上的一个点。通过改变上述分类阈值，则可以在平面上得到一个经过(0, 0)和(1, 1)的曲线，即分类器的 ROC 曲线。连接(0, 0)和(1, 1)的直线代表一个随机分类器，一般情况下，ROC 曲线都应处于(0, 0)到(1, 1)直线的上方。ROC 曲线下方在横轴为[0,1]区间上的面积值(area under ROC curve, AUC)是该分类器性能的数值化表示(Bradley, 1997)。通常，AUC 介于 0.5～1.0，较大的 AUC 代表较好的分类性能。当 AUC = 1 时，分类器拥有完美的分类性能，即选择任意分类阈值都能实现正确分类；当 0.5 < AUC < 1 时，分类器的性能优于随机猜测；当 AUC = 0.5 时，分类器性能与随机猜测一样。对于土地利用变化模拟模型的发展概率计算，分类器进行的是多分类任务，因此在进行 ROC-AUC 检验时，应将多分类任务视为每个土地利用类型上的二分类任务，进而获得 k 个 AUC(k 为土地利用类型数量)。当各土地利用类型的 AUC 均高于 0.7 时，即可认为模型获得了足够的分辨能力(Pontius et al., 2008)。

4)土地利用预测模块

经过以上的训练和检验过程，区域内土地利用变化的驱动机制已经隐含在 STCNN 中。将待模拟时段的所有的驱动变量作为输入，执行神经网络的预测命令，输出所有位置上像元被分类为各种土地利用类型的概率值，即为发展概率。在计算开始前，STAPLE 模型将驱动变量中的空值填充为其平均值，并对区域边缘进行填充(padding)，以保证所有位置上均能获得相应的发展概率。根据研究区大小和分辨率不同，发展概率计算模块的运行速度可能也有较大差别。

2.6.2.3 空间分配模块

空间分配模块(即 CAPLE 模块)的内核是一个基于随机斑块种子和轮盘竞争机制的 CA 算法。它根据发展概率计算模块所得各种土地利用类型的发展概率，并参考初始的土地利用情况和转换约束，将未来情景下的土地需求分配到空间位置上。与其他基于 CA 的空间分配算法不同，CAPLE 模块能够在景观层面上控制土地斑块发展的聚集模式，以便探究不同发展模式对地表过程影响的格局、过程和机制。

CAPLE 模块的输入包括发展概率、初始的土地利用状况、土地需求和转换约束，输出为土地利用的模拟结果。它的结构及其算法流程如图 2-21 所示，主要包括输入子模块、种子生成子模块、轮盘竞争子模块和输出子模块。输入子模块负责读取输入数据，包括发展概率、土地利用/覆盖、土地需求、转换约束，并进行合法性检验；种子生成子模块通过播撒随机种子的方式预测土地变化的位置；轮盘竞争子模块在种子点上进行各类土地的竞争，从而确定各位置的转入类型；输出子模块进行精度检验，并输出模拟结果。本节将对 CAPLE 模块的算法和原理进行详细介绍。

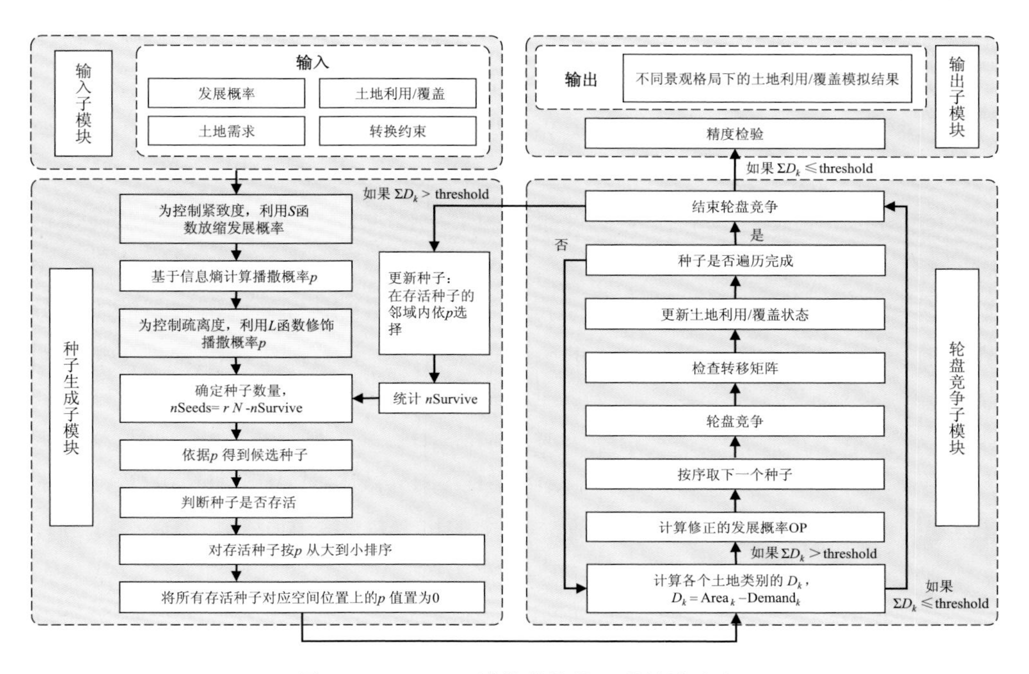

图 2-21 CAPLE 模块的结构及其算法流程

1) 转换约束

政策规划在土地利用的变化过程中具有规制作用，并将对区域的未来发展产生深远影响(Wang et al., 2018a; Wu et al., 2011)。为保证土地利用变化模拟的科学性和现实性，需要在模型中加入适当的转换约束，用以反映政策规划对区域发展的影响(Ren et al., 2019)。CAPLE 模块支持灵活的转换约束机制，包含转移矩阵和空间约束。其中，转移矩阵是一个大小为 $k \times k$ 的二值方阵，k 为土地利用类型数量，当转移矩阵 (i, j) 位置的值为 1 时，允许土地利用类型 i 向土地利用类型 j 的转换，若为 0 则不允许转换。空间约束用于反映空间规划区对区域土地发展的影响，包含保护区、禁止开发区和开发区三类，均为与研究区尺寸一致的二值图。三种空间约束区的功能及输入方式如表 2-2 所示，支持对每种土地利用类型指定单独的空间约束区域，以满足在复杂的区域发展政策下开展土地变化模拟的需求。

表 2-2　空间约束区的功能及其输入方式

空间约束区类型	功能	输入方式
保护区	不允许区域内某类土地的转出	保护区栅格，0 为保护区，1 为非保护区
禁止开发区	不允许区域内某类土地的转出	禁止开发区栅格，0 为禁止开发区，1 为非禁止开发区
开发区	鼓励区域内某类土地的扩张	开发区栅格，1 为开发区，0 为非开发区

2) 基于信息熵的随机斑块种子及其播撒和更新机制

在进行土地利用变化模拟时，首先需要确定发生土地利用类型转换的候选位置，现有模型一般通过播撒随机种子的方式实现(Liang et al., 2021; Liu et al., 2017; Meentemeyer et al., 2013)，种子的位置即为土地转换的候选位置。为尽可能使种子点撒在土地利用/覆盖的易发位置上，CAPLE 采用了基于信息熵的随机种子生成策略。此外，CAPLE 还采用了种子点的邻域更新机制，以实现斑块式的土地分配过程，这种过程不仅更贴近真实的土地发展状况，还有利于实现景观生态格局的调控。

在信息论中，熵是一个表示随机变量不确定性程度的度量。对于一个离散型随机变量 $X \sim P(x)$，其熵 $H(X)$ 可以由式(2-26)定义，其中 χ 为随机变量 X 的取值空间，$P(x)$ 为事件发生的概率值。一个随机变量的熵值越大，其不确定性程度就越高。

$$H(X) = -\sum_{x \in \chi} P(x) \log_2 P(x) \tag{2-26}$$

经验上，对于土地利用，其变化更容易发生在不确定程度较低即熵值较小的位置上。一般而言，这些位置上某类土地的发展概率要比其他类型大得多。根据这一思想，CAPLE 首先计算出所有栅格位置上发展概率的信息熵 H，再由式(2-27)将熵值映射为种子点的播撒概率 p，依据 p 的大小随机获得候选种子。

$$p = 10^{-H} \tag{2-27}$$

在每一轮需求分配前，还需要确定本轮迭代需要播撒的种子数量 n，n 的计算方法如式(2-28)所示，其中，r 为随机种子比例，需要在运行前人为指定；N 为研究区栅格单元总数；n_{live} 为经过上一轮迭代和种子更新后仍然存活的种子数，在首轮迭代中 n_{live} 的值置为 0。

$$n = r \times N - n_{\text{live}} \tag{2-28}$$

在根据 p 值和 n 值获得相应数量的种子后，还要按规则判断其是否存活。判断的标准为：①最大发展概率所对应的地类不是当前类；②当前类在指定的空间约束下允许转出。经过筛选后，存活的种子将被视为土地利用变化的候选位置，将其按 p 从大到小排序后送入轮盘竞争子模块。为保证在模拟期间内各位置上最多只发生一次土地利用类型转换，应在该位置被选为种子后将其播撒概率 p 置为 0。

当一轮迭代结束后，需要将种子点进行更新。为实现斑块式的土地扩张过程，CAPLE 采取种子的邻域更新策略。对每个存活的种子，依据 p 随机在其邻域内选择一个新种子，并将更新后仍然存活的种子及其数量反馈给种子生成子模块，用于下一轮迭代的种子播撒。

3) 景观聚集性控制函数

CAPLE 通过在种子播撒和更新阶段加入景观聚集性控制函数，实现对斑块生长紧致性和疏离性的调控。

紧致性和疏离性都是景观生态学中描述空间形态聚集性的指标(McGarigal, 2015)。紧致性是指相同类型的元胞或斑块相互邻接的频率。如果景观中表现出相同类型斑块相互邻接的趋势，则紧致性高；如果景观中表现出不同类型斑块相互穿插的趋势，则紧致性低。紧致性是某种土地利用类型发展集约程度的反映。以城市用地为例，当城市像元倾向于相互紧邻、城市用地之间夹杂的非城市用地较少，则其所形成的斑块紧致性较高，城市处于填充式(infill)的发展模式中；反之，若城市用地之间夹杂的非城市用地较多，则其所形成的斑块紧致性较低，城市处于蔓延式(sprawl)的发展模式中。紧致性可以通过景观指数中的 CONTAG 指数来衡量，CONTAG 指数越大，则紧致性越强。疏离性是指同类斑块之间在距离与大小上的综合度量，两个同类斑块的面积越小、距离越远，则疏离性越强；反之，若它们的面积越大、距离越近，则疏离性就越弱。疏离性是土地开发就近程度的反映。以城市用地为例，当城市新区倾向于出现在远离既有城区的位置时，其斑块的疏离性较强，城市处于蛙跃(leapfrogging)开发模式中；若城市新区倾向于出现在靠近既有城区的位置时，其斑块的疏离性较弱，城市处于近程扩张模式中。疏离性可以通过景观指数中的 PROX 指数来衡量，PROX 指数越小，则疏离性越强。下面将对景观聚集性控制的原理及实现方式展开介绍。

控制景观紧致度的 S 函数。CAPLE 通过 S 函数对发展概率进行放缩(scaling)，从而实现对斑块紧致性的调节。其核心思想是，如果一个地方发展出类型为 k 的新斑块，那这里 k 类的发展概率一定比较高，但之所以不紧凑，是因为高发展概率的位置较多，使得发生转换的位置较为随机，想要紧凑就要缩小发生转换的候选区域。式(2-29)给出 S 函数的表达式，其中，k 为土地利用类型，potential_k 为土地利用类型 k 对应的发展概率，α 为可调参数，用来控制斑块的紧致程度。

$$S\left(\text{potential}_k\right)=\text{potential}_k^{\alpha}\left(\alpha>0\right) \tag{2-29}$$

不同参数 α 对应的 S 函数图形如图 2-22 所示。当 $\alpha=1$ 时，S 函数对发展概率没有影响，土地变化按照原始状态进行；当 $0<\alpha<1$ 时，S 函数把原本较小的 potential 值放大，增加了可供选择的土地转化位置，土地斑块的紧致度随 α 值的减小而降低；当 $\alpha>1$ 时，S 函数把原本较大的 potential 值缩小，减少了可供选择的土地转化位置，土地斑块的紧致度随 α 值的增大而增大。这一思想借鉴于 FUTURES 模型(Meentemeyer et al., 2013)，但 FUTURES 模型只能实现单一类型的土地变化模拟，而 CAPLE 将其推广到了多类型土地变化的模拟中。

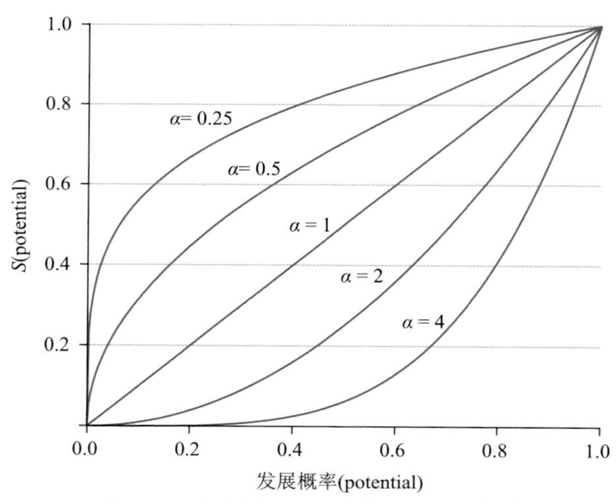

图 2-22　不同参数 α 对应的 S 函数图形

控制景观疏离度的 L 函数。CAPLE 模块根据既有斑块的位置，将空间滞后(lagging)函数 L 作用于种子点的播撒概率 p，从而实现对斑块紧致度的调节。其核心思想是，如果想要减弱景观的疏离性，播撒或补充种子时应该倾向于选择靠近既有斑块的位置；如果想要斑块更远，播撒或补充种子时就倾向于选择远离既有斑块的位置。L 函数可表示为式(2-30)和式(2-31)，其中，β 是控制斑块疏离度的可变参数，$\mathrm{sign}(\cdot)$ 是符号函数，对于某个既有斑块，d 为栅格上任意位置到该斑块的曼哈顿距离。

$$l(d)=\mathrm{sign}(\beta)\cdot \mathrm{e}^{-\mathrm{sign}(\beta)\cdot\beta d} \tag{2-30}$$

$$L=\Phi[\sum_i l(d_i)] \tag{2-31}$$

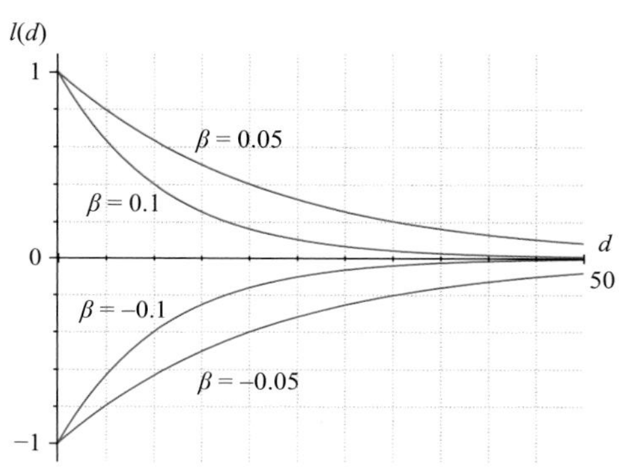

图 2-23　不同参数 β 对应的 l 函数图形

这样一来，l 成为关于 d 的函数，不同参数 β 对应的 l 函数图形如图 2-23 所示。L 函数是 $l(d)$ 的求和，$\Phi(\cdot)$ 是归一化映射函数，i 是既有斑块的标号，即 L 表示所有既有斑块对播撒概率 p 的叠加影响，并将这种影响的系数映射至[0, 1]。当 $\beta=0$ 时，$L=1$，L 函数对播撒概率 p 没有影响，土地变化按照原始状态进行；当 $\beta>0$ 时，L 函数通过减小遥远位置的播撒概率 p，使土地斑块的疏离度降低，并且 β 的绝对值越大，斑块的疏离度越低；当 $\beta<0$ 时，L 函数通过减小靠近位置的播撒概率 p，使土地斑块的疏离度增加，并且 β 的绝对值越小，斑块的疏离度越高。

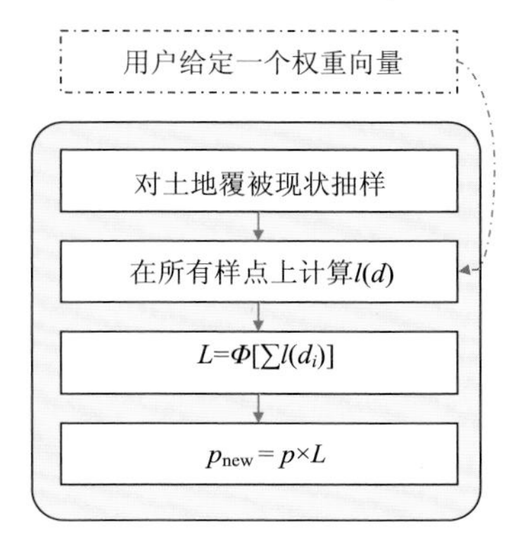

图 2-24　使用 L 函数修饰播撒概率 p 的算法流程

图 2-24 给出使用 L 函数修饰播撒概率 p 的算法流程。首先，为确定既有斑块的位置，需要在土地利用现状图上进行一定比例的随机抽样，用样点的位置代表既有斑块的位置。这个过程隐含着一种假设：如果土地利用存在一种空间分布，那么在进行空间等概率抽样后所得到的样本点也应该服从这种空间分布。那么，如果某处存在一个类型为 k 的大斑块，那这一位置附近抽到的 k 类样本就密，反之亦然。那么，可以通过这些样本，以较小的计算代价确定出既有斑块的大致分布。这样一来，就可以根据式(2-30)计算出各样点在空

间上所产生的$l(d)$。考虑到不同研究区、不同科学问题所关注的土地利用类型不同，用户可以指定一个权重向量，向量中第k个元素的大小表示研究者对土地利用类型k的疏离度的调控程度。例如，如果用户只需要控制城市斑块的疏离度，则可将城市用地所对应的权重值设为1，其余用地类型的权重值设为0。根据不同土地利用类型的权重值，可以对相应类型样点所得的$l(d)$进行加权，从而获得加权后的空间滞后函数L。在对应的空间位置上将L的函数值与播撒概率p相乘，即可得到修饰后的播撒概率。用此播撒概率进行后续的种子播撒及更新，即可实现景观层面上对斑块疏离度的控制。

4）需求驱动的轮盘竞争机制

在种子生成子模块产生一批种子点后，需要确定这些点位上的元胞是否发生土地利用类型的转换，以及该元胞转换为何种土地利用类型。CAPLE模型采用了一种需求驱动的轮盘竞争机制。这一机制也应用于FLUS模型（Liu et al., 2017）和PLUS模型（Liang et al., 2021）中。一方面，它考虑到土地利用的变化过程中存在的随机因素，通过种子点上各种土地利用类型间的竞争确定元胞的转入类型。这是一种类似于轮盘赌的随机选择过程，发展概率高的土地利用类型更有可能被选为转入类型。另一方面，为使不同土地利用类型的需求都尽可能得到满足，在竞争过程中对发展概率值进行动态修正，确保随着迭代的进行，土地数量能够逐渐向需求的方向收敛。

轮盘竞争子模块的工作过程如下。首先，接收种子生成子模块送入的随机种子，并根据式（2-32）和式（2-33）计算各类别的面积与需求之差Diff_k的绝对值及其总和D，其中，k为土地利用类型，Area为当前迭代中的土地面积，Demand为土地需求。其次，判断D与用户容忍的误差阈值threshold间的关系，若$D > \text{threshold}$，则开始轮盘竞争，即迭代计算发展概率值OP，取种子进行轮盘竞争，并根据转移矩阵和空间约束，检查转出类能否转为转入类，如果可以转换，则更新土地利用图；若本批次种子未遍历结束，则继续在下一个种子点上进行竞争；否则，结束本轮竞争，并回到种子生成子模块准备进行下一轮分配过程；重复上述步骤直至土地需求得到满足，即$D \leqslant \text{threshold}$，便得到了土地利用变化的模拟结果。最后，该结果被送入输出子模块，准备进行后续的精度检验和存储操作。

$$\text{Diff}_k = \text{Area}_k - \text{Demand}_k \tag{2-32}$$

$$D = \sum_k \left| \text{Diff}_k \right| \tag{2-33}$$

在上述过程中，OP 是使得分配过程向土地需求收敛的关键，式(2-34)给出 OP 的计算方法，其中，OP 为修正后的发展概率；I 为惯性系数，用于自适应调整发展概率使分配过程收敛（详见下段）；k 为土地利用类型；t 为迭代轮次；potential 为发展概率，由发展概率计算模块获得。OP 计算公式的核心在于自适应地放缩发展概率。

$$\begin{cases} \text{OP}_k^t = \text{OP}_k^{t-1} \times I_k^t \\ \text{OP}_k^0 = \text{potential}_k \end{cases} \tag{2-34}$$

惯性系数 I 的计算方法如式(2-35)所示，其中，ε_1 和 ε_2 是两个放缩参数，控制惯性系数对 OP 的纠正程度，可根据实际的模拟情况灵活确定，其值越大，当前面积向需求的收敛速度越快，但原始发展概率 Ω 的失真程度也越大。构造惯性系数 I 的核心思想在于，与上一次迭代相比，若土地利用类型 k 的分配向收敛方向发展，则不需要修正 OP，并照此状态继续分配；若土地利用类型 k 的分配量向小于需求的方向发散，则需要参考 Diff_k^{t-1} 与 Diff_k^{t-2} 的值，将当前轮次中 k 类的 I 值放大；反之，若土地利用类型 k 的分配量向大于需求的方向发散，则将当前轮次中 k 类的 I 值缩小。通过上述过程，OP 随着迭代的进行实现了自适应修正，使得当前面积与需求差距最大的土地利用类型更容易在轮盘竞争中胜出，从而促使不同土地利用类型的需求都能到满足。

$$\begin{cases} I_k^{t-1}, & \left|\text{Diff}_k^{t-1}\right| \leqslant \left|\text{Diff}_k^{t-2}\right| \\ I_k^{t-1} \times \dfrac{\text{Diff}_k^{t-1}}{\text{Diff}_k^{t-2}} \times \varepsilon_1, & \text{Diff}_k^{t-1} < \text{Diff}_k^{t-2} < 0 \\ I_k^{t-1} \times \dfrac{\text{Diff}_k^{t-2}}{\text{Diff}_k^{t-1}} \times \varepsilon_2, & 0 < \text{Diff}_k^{t-2} < \text{Diff}_k^{t-1} \end{cases} \tag{2-35}$$

2.6.3 模型总结与评价

结合城市暴雨洪涝风险评估的研究需求，STAPLE 模型的优势主要体现在以下三方面。

(1) 有效提高土地利用模拟的精度，有利于实现更加准确的暴雨洪涝风险评估。在 STAPLE 模型中，STCNN 能够充分利用自然及社会驱动因子的时空邻域信息，并建立其对土地利用变化的非线性驱动关系，进而提高模拟精度。以郑州市 2008～2019 年土地利用变化的模拟为例，图 2-25 给出使用 Logistic 回归(LR)、

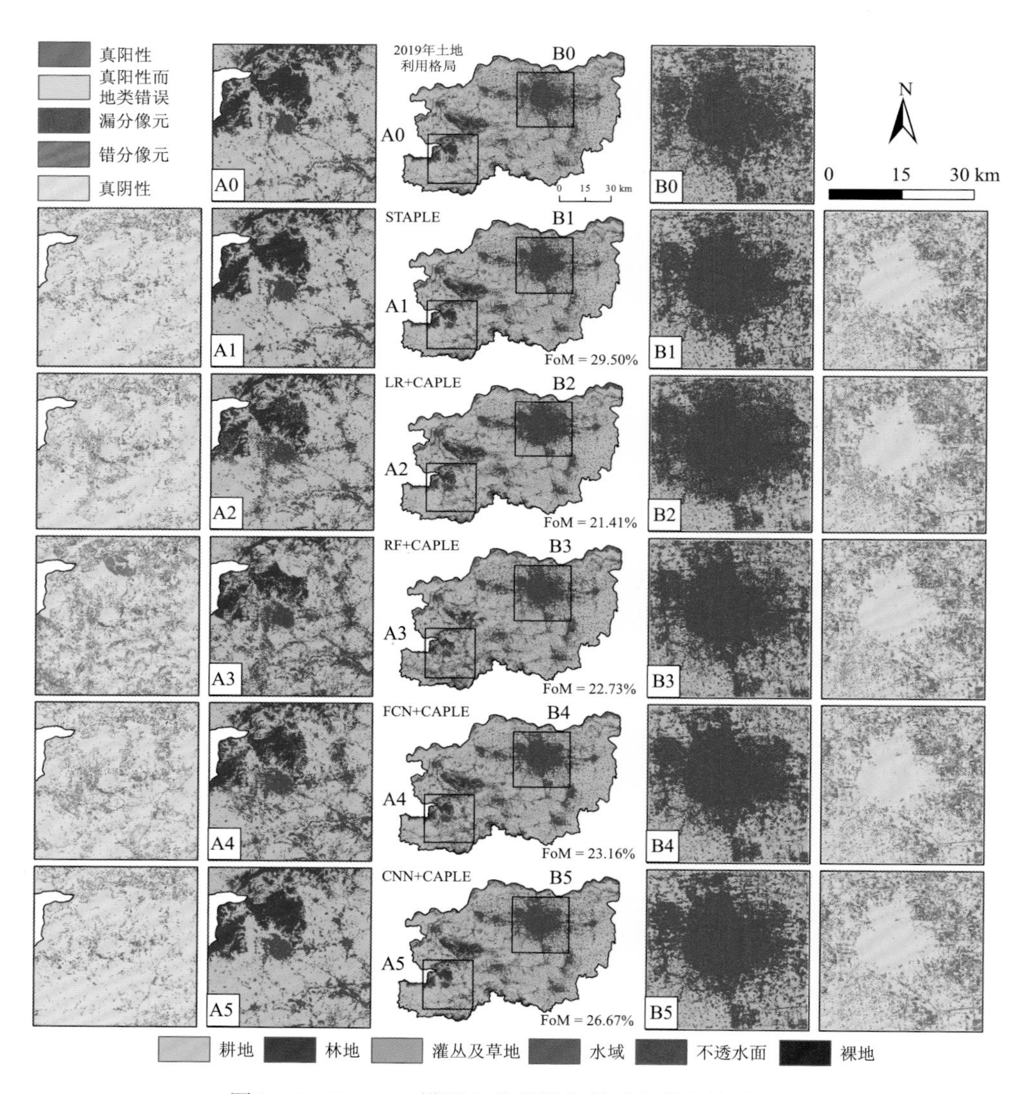

图 2-25　STAPLE 模型与其他退化模型的模拟结果对比

RF、全连接网络(full connected network, FCN)、CNN、STCNN 与 CAPLE 模块耦合所得的模拟结果。相较于前四种模型，以 FoM 作为精度评价指标，STAPLE 模型的模拟精度分别提升了 8.09%、6.77%、6.34%和 2.83%。另外，通过调整 CAPLE 模块的 α 和 β 参数，能够得到更加符合实际情况的景观格局，进一步提高模拟结果的准确程度。在以上例子中，若取 $\alpha=10$，即采取集约型的土地发展模式，模拟结果的 FoM 可进一步提升至 31.42%。

(2) STAPLE 模型能够在景观格局层面模拟不同土地开发模式下土地利用的变化情况，在城市洪涝风险评估中，可以针对不同土地开发模式设置不同的未来情景，研究景观聚集性对城市地区洪涝风险及其时空分布的影响规律。相关案例研究请参考本书第 7 章。

(3) 支持灵活的政策约束设置，能够将城市规划政策的影响纳入城市暴雨洪涝风险评估中。STAPLE 模型针对每种土地利用类型均提供了保护区、禁止开发区、开发区三种规划方案，基本涵盖了国土空间规划编制中对于“三区三线”的空间约束。这样，STAPLE 模型的模拟过程可以忠实地反映政策规划对区域发展的影响，提高暴雨洪涝灾害评估的现实性、可靠性。

同时，STAPLE 模型也存在不足之处。相比于现有模型，STAPLE 模型的时间开销和存储开销较大。随着研究区范围、分辨率的增大，其计算效率将受到较大影响。目前常应用于数据基础较好的小区域土地利用模拟。在后续研究中，需要进一步优化模型的运行效率，使其适应更多的应用场景。另外，相比于其他具有图形交互界面或命令行封装的模型，STAPLE 模型需要用户具有一定的编程基础使用。

2.7　土地利用变化模拟模型对比

表 2-3 总结本章所介绍模型的特点和适用性。

表 2-3　各土地利用模拟模型对比

模型名称		土地利用需求体现形式	模拟尺度	可模拟土地利用类型	采样策略	常用土地需求计算模型	发展概率计算	空间分配			操作性	计算效率
								基本转移规则	政策影响	景观格局控制		
FUTURES		面积	多尺度、多层次	城市用地和非城市用地两类	PAS[1]	灰色预测模型、加权平均增长法	多层次回归	邻域效应	保护区、禁止开发区	采用城市图斑增长算法，参数具有景观学含义	修改文件化参数	高
CLUE 系列	CLUE	面积	国家和大陆尺度	多种土地利用类型	PAS	趋势外推法	多元线性回归，无内嵌统计分析模块	—	保护区、禁止开发区	无	修改文件化参数	较高
	CLUE-S	面积	小尺度局部区域	多种土地利用类型	PAS	趋势外推法、灰色线性规划、马尔可夫链、系统动力学	Logistic 回归	继承性、转移成本	保护区、禁止开发区	无	修改文件化参数	较高
	Dyna-CLUE	面积	多尺度	多种土地利用类型	PAS	趋势外推法、灰色线性规划、马尔可夫链、系统动力学	Logistic 回归	继承性、转移成本、邻域效应	保护区、禁止开发区	无	修改文件化参数	较高
	CLUMondo	面积和强度	多尺度	多种土地利用类型	PAS	趋势外推法、灰色线性规划、马尔可夫链、系统动力学	Logistic 回归	继承性、转移成本、邻域效应	保护区、禁止开发区	无	界面化交互操作	较高

续表

模型名称	土地利用需求体现形式	模拟尺度	可模拟土地利用类型	采样策略	常用土地需求计算模型	发展概率计算	空间分配			操作性	计算效率
							基本转移规则	政策影响	景观格局控制		
LUSD	面积	多尺度	多种土地利用类型	PAS	系统动力学	经验公式	继承性、邻域效应、随机干扰	保护区、禁止开发区	无	界面化交互操作	较高
FLUS	面积	多尺度	多种土地利用类型	PAS	系统动力学、马尔可夫链、政策预测数据	ANN	继承性、邻域效应、转移成本、轮盘竞争	保护区、禁止开发区	无	界面化交互操作	较高
PLUS	面积	多尺度	多种土地利用类型	LEAS[2]	趋势外推法、马尔可夫链、多目标优化	RF	继承性、邻域效应、转移成本、轮盘竞争	可考虑交通规划和开发区对城市发展的驱动引导作用	采用基于阈值下降的随机斑块种子机制，参数缺乏景观学意义	界面化交互操作	较高
STAPLE	面积	多尺度	多种土地利用类型	PEAS[3]	趋势外推法、已知需求数据	3D-CNN	继承性、邻域效应、转移成本、轮盘竞争	保护区、禁止开发区、开发区	采用基于信息熵的随机斑块种子机制和景观聚集性控制函数，参数具有景观学含义	需要编程基础	较低

1. 格局分析策略(pattern analysis strategy)，使用单期历史土地利用数据，缺少像元变化表达的时间信息。
2. 土地扩张分析策略(land expansion analysis strategy)，从两期历史土地利用数据中提取扩张像元，表达了时序变化信息，但忽略不变的像元。
3. 格局及扩张分析策略(pattern and expansion analysis strategy)，提取前后两期土地利用上扩张及不变的像元，保证了训练样本的完备性。

3 城市暴雨洪涝缓解能力评估模型

3.1 模型发展历史

洪水灾害种类繁多，主要包括河流洪水、暴雨洪涝和沿海洪水等。城市的土地利用/覆盖在暴雨洪涝灾害过程中发挥着重要作用，也是与暴雨洪涝相关的洪水风险缓解模型的重点。土地利用/覆盖主要通过以下方式减少城市暴雨洪涝灾害的危害和影响：减少暴雨过程中的径流产生，减缓地表流速，在漫滩或流域为水体水创造存储空间。InVEST 模型计算径流减少量，即与暴雨量相比，每个像素保留的径流量。它还通过叠加洪水范围潜力和已建基础设施的信息，计算每个流域的潜在经济损失。

InVEST-UFRM（InVEST urban flood migration models）基于美国农业部水土保持局研制的 SCS-CN（soil conservation service-curve number）产流模型，根据降水量与径流量之间的水分平衡关系，评估城市自然基础设施减少径流产生的能力，即 InVEST-UFRM 通过计算暴雨情况下每个网格单元径流的缓解量，再叠加流域的洪水、范围潜力和已建基础设施的信息，计算潜在经济损失。InVEST-UFRM 中采用的 SCS-CN 产流模型具有输入数据简单，能反映下垫面变化等优点，在我国有较好的适用性。以往研究多关注 SCS-CN 产流模型输出的地表产流量大小，忽视了因地表径流减少带来的城市洪涝灾害缓解能力的提升，而 UFRM 则从该视角出发，为城市暴雨洪涝缓解能力的评估提供了新思路。

3.2 UFRM

3.2.1 模型原理

UFRM 主要评价由暴雨事件引发的城市洪涝灾害。城市中的草地、林地等自然环境设施能够有效减少暴雨引起的地表径流并减缓其流速，而该模型能够对这种缓解能力进行定量评估。该模型受到降水量、土地利用类型、土壤类型的影响，进而形成不同的产流量和径流缓解指数。

首先，根据曲线数法[式(3-1)]，可计算出每个栅格 i 的径流产流深度 $Q_{p,i}$ (mm)

（简称产流量），其中 P(mm) 是降水量；λ 是土壤下渗系数，其经验值为 0.2。$S_{\max,i}$ 为栅格 i 在产流前的最大滞留率，可通过式(3-2)计算。其中 CN_i 为栅格 i 的径流曲线值，不同土地利用类型、土壤类型对应不同的 CN，通常可以通过水文实验或查阅相关文献的方式获得研究单元的 CN。然后，根据降水量 P 和产流量 $Q_{p,i}$，用式(3-3)计算栅格 i 的径流缓解指数 R_i；若产流量 $Q_{p,i}$ 越接近降水量 P（R_i 越接近 0），则洪涝缓解能力越弱；若产流量 $Q_{p,i}$ 越小于降水量 P（R_i 越接近 1），则洪涝缓解能力越强。因此，径流缓解指数可用于评估不同土地利用格局、不同土壤类型情况下的洪涝缓解能力。后续章节均基于径流缓解指数 R_i 进行评估。

$$Q_{p,i}=\begin{cases}\dfrac{\left(P-\lambda S_{\max,i}\right)^2}{P+\left(1-\lambda\right)S_{\max,i}}, & P>\lambda S_{\max,i}\\ 0, & \text{其他}\end{cases} \tag{3-1}$$

$$S_{\max,i}=\frac{25400}{\mathrm{CN}_i}-254 \tag{3-2}$$

$$R_i=1-\frac{Q_{p,i}}{P} \tag{3-3}$$

此外，根据式(3-4)和式(3-5)可计算得到栅格 i 的径流保持量 $R_{\mathrm{m}^3,i}$ (m^3) 及径流产流量 $Q_{\mathrm{m}^3,i}$ (m^3)，式中 $\mathrm{pixel.area}_i$ (m^2) 表示像元面积大小。

$$R_{\mathrm{m}^3,i}=R_i\cdot P\cdot \mathrm{pixel.area}_i\cdot 10^{-3} \tag{3-4}$$

$$Q_{\mathrm{m}^3,i}=Q_{p,i}\cdot \mathrm{pixel.area}_i\cdot 10^{-3} \tag{3-5}$$

在此基础上，可以进一步计算洪涝缓解服务的货币价值。计算过程如下：首先，根据式(3-6)计算径流产流在流域 W 内淹没建筑物可能造成的损失货币量 $\mathrm{Affected.build}_W$（美元），式(3-6)中 b 表示建筑轮廓矢量边界，取值来自流域内的建筑轮廓集合 B。$a(b,W)$ (m^2) 是流域 W 内的建筑 b 的面积，$d(b)$（美元/m^2）是建筑 b 受淹后的单位面积损失。最后，基于式(3-7)计算得到由于径流减少而避免建筑被淹所带来的价值量 $\mathrm{Service.built}_W$（美元·m^3）。UFRM 提供的洪涝缓解服务货币价值的核算是可选项，后续章节尚未用到此功能。

$$\mathrm{Affected.build}_W=\sum_{b\in B}a\left(b,W\right)\cdot d\left(b\right) \tag{3-6}$$

$$\mathrm{Service.built}_W=\mathrm{Affected.build}_W\cdot\sum_{i\in W}R_{\mathrm{m}^3,i} \tag{3-7}$$

3.2.2　模型输入

UFRM 计算的输入数据图层可能有不同的坐标系，但它们必须都是投影坐标系，而不是地理坐标系。输入的栅格数据可能具有不同的单元大小，需要对其重新采样以匹配土地利用/覆盖栅格单元大小。因此，栅格模型结果将与土地利用/覆盖栅格的单元大小保持相同。

UFRM 输入的参数有以下 9 种。

(1) 工作空间(目录格式，必填参数)：将在其中写入所有模型输出文件的文件夹。如果此文件夹不存在，则创建。如果文件夹中已存在数据，则覆盖该数据。

(2) 模型标识(文本格式，可选参数)：将其附加到结果输出文件名的后面，以区分不同模型的运行结果。

(3) 感兴趣区(矢量、面/多面格式，必填参数)：要在其上聚集和汇总最终结果的区域的地图。这些感兴趣区可以是流域或污水处理厂边界。

(4) 降水量(数值型，单位：mm，必填参数)：相关设计暴雨的降水量，即式(3-1)中的 P。关于 P 的设置详见 3.3.3 节。

(5) 土地利用/覆盖(栅格，必填参数)：土地利用/覆盖图。此栅格中的所有值必须在生物物理表中有相应的条目。模型的所有输出结果将以该栅格的分辨率生成。

(6) 水文土壤组(栅格，必填参数)：水文土壤组的地图。像素可以有 1、2、3 或 4 的值，分别对应水文土壤组 A、B、C 或 D。关于水文土壤组参数的细节详见 3.3.4 节。

(7) 生物物理表(CSV 格式，必填参数)：为每种土地利用/覆盖类型对应的曲线编号数据表。土地利用/覆盖栅格中的所有类型代码必须在此表中有相应的条目。该表包含土地利用/覆盖类型及其所对应的模型参数。每行都是一个土地利用/覆盖类型，列的命名和定义如下。

lucode(整数，必填参数)：即土地利用/覆盖数据中相对应的土地利用/覆盖类型代码(详见 3.3.1 节)。

cn_[SOIL_GROUP](数字，必填参数)：每个水文土壤组中每种土地利用/覆盖类型所对应的径流曲线值。SOIL_GROUP 替换为土壤类型代码 A、B、C、D。

(8) 基础建筑设施(矢量、面/多面，可选参数)：建筑分布图。建筑分布图文件中应该至少包含“建筑物类型”字段，该字段表示建筑物类型的代码，且必须与伤害损失表中的代码相匹配。

(9)伤害损失表(CSV 格式，条件必填参数)：每种建筑类型的潜在伤害损失数据表。基础建筑设施中“建筑物类型”字段中的所有数值必须在此表中有相应的条目。如果模型中提供基础建筑设施分布图，则必须加上本表。伤害损失表包含的字段如下。

建筑物类型(整数，必填参数)：建筑物类型代码。

损失(数值型，单位：货币/m^2，必填参数)：该建筑物类型的潜在破坏损失。可以使用任何货币单位。

3.2.3 模型输出结果

UFRM 主要针对城市暴雨洪涝灾害缓解能力的评估，根据本章 UFRM 的基本原理和结构，分别得到区域的地表径流截留量、地表径流量以及区域洪涝风险缓解服务分布图。UFRM 数据结果具体如下。

(1)径流缓解分布图：数据格式为 tif，具有径流保持值的栅格(无单位，相对于降水量)。根据式(3-3)计算得到。

(2)径流保持量：数据格式为 tif，包含具体的径流滞留量值(单位为 m^3)。根据式(3-4)计算得到。

(3)径流量：数据格式为 tif，包含径流量值(单位为 mm)，根据式(3-1)计算得到。

(4)洪涝风险缓解服务分布图：是 shapefile 文件，其属性表包含表征城市暴雨洪涝的致灾因子与损失的相关属性，具体相关字段如下。

rnf_rt_idx：每个流域的径流滞留量平均值(R_i)。

rnf_rt_m3：每个流域的径流滞留量之和($R_{m^3,i}$)，单位为 m^3。

flood_vol：每个流域的径流产流量或洪水量(即 $Q_{m^3,i}$)，根据式(3-5)计算得到。

aff_bld：以货币单位表示的对已建基础设施的潜在损害，以流域为单位。仅在提供构建的基础设施空间分布图输入时计算。

serv_blt：该流域的洪涝风险减缓服务货币价值量，根据式(3-7)计算得到。流域径流保持服务指标。仅在提供构建的基础设施空间分布图输入时计算。

3.3 UFRM 的输入数据与参数

3.3.1 土地利用/覆盖

土地利用/覆盖描述了土地的物理性质和/或人们如何使用土地(森林、湿地、自然保护区等)。为了以栅格格式显示数据，每个土地利用/覆盖类型都映射到一个整数代码(这些代码可以是不连续或无序的)。全球土地利用/覆盖数据可从以下网站获得。

(1) 中国 GlobeLand30 数据。

(2) 美国国家航空航天局：https://lpdaac.usgs.gov/products/mcd12q1v006/，提供了 MODIS 多年全球土地覆盖数据。

(3) 欧洲航天局：http://www.esa-landcover-cci.org/(2000 年、2005 年和 2010 年的三张全球地图)。

(4) 中国的数据可以通过中国科学院资源环境科学与数据中心获得：https://www.resdc.cn/。

中国多时期土地利用/覆盖遥感监测数据分类系统采用三级分类系统：一级分类为 6 类，主要根据土地资源及其利用属性，分为耕地、林地、草地、水域、建设用地(城乡、工矿、居民用地)和未利用土地；二级主要根据土地资源的自然属性，分为 25 个类型，如表 3-1 所示。该分类系统从土地利用/覆盖遥感监测实用操作性出发，紧密结合全国县级土地利用现状分类系统，便于土地利用/覆盖遥感监测成果与地面常规土地利用调查成果的联系及数据追加处理，在适用性方面具有极其重要的现实意义。后续章节主要用到表 3-1 的土地利用/覆盖分类。在实际使用过程中，也可以对感兴趣的景观进行详细的土地利用/覆盖分类，包括将相关土地利用/覆盖类型分解为更有意义的类型。例如，农田可以划分为不同的作物类型。林地可以划分为特定的物种或年龄类别。如果有足够可用的数据，还可以按变量(如降水量、温度、海拔等)对土地利用/覆盖类型进行分层，但是这些变量会影响构建的模型特性。

此外，土地利用/覆盖类型的分类还取决于模型以及每种土地利用类型的可用数据量。通常，生物物理表将某些相关的生物物理参数映射到每个土地利用/覆盖代码。只有在土地利用/覆盖类型能够提供更精确的建模时，才应该进一步细化分类。例如，如果研究者有相关生物物理参数差异的信息，那么可以将农田分成不同的农业用地类型。

表 3-1　中国多时期土地利用/覆盖遥感监测数据分类系统

一级类型		二级类型		
编号	名称	编号	名称	含义
1	耕地			指种植农作物的土地，包括熟耕地、新开荒地、休闲地、轮歇地、草田轮作物地；以种植农作物为主的农果、农桑、农林用地；耕种三年以上的滩地和海涂
		11	水田	指有水源保证和灌溉设施，在一般年景能正常灌溉，用以种植水稻、莲藕等水生农作物的耕地，包括实行水稻和旱地作物轮种的耕地
		12	旱地	指无灌溉水源及设施，靠天然降水生长作物的耕地；有水源和浇灌设施，在一般年景下能正常灌溉的旱作物耕地；以种菜为主的耕地；正常轮作的休闲地和轮歇地
2	林地			指生长乔木、灌木、竹类，以及沿海红树林地等林业用地
		21	有林地	指郁闭度>30%的天然林和人工林，包括用材林、经济林、防护林等成片林地
		22	灌木林	指郁闭度>40%、高度在 2m 以下的矮林地和灌丛林地
		23	疏林地	指林木郁闭度为 10%～30%的林地
		24	其他林地	指未成林造林地、迹地、苗圃及各类园地(果园、桑园、茶园、热作林园等)
3	草地			指以生长草本植物为主，覆盖度在 5%以上的各类草地，包括以牧为主的灌丛草地和郁闭度在 10%以下的疏林草地
		31	高覆盖度草地	指覆盖度>50%的天然草地、改良草地和割草地。此类草地一般水分条件较好，草被生长茂密
		32	中覆盖度草地	指覆盖度在 20%～50%的天然草地和改良草地，此类草地一般水分不足，草被较稀疏
		33	低覆盖度草地	指覆盖度在 5%～20%的天然草地。此类草地缺乏水分，草被稀疏，牧业利用条件差
4	水域			指天然陆地水域和水利设施用地
		41	河渠	指天然形成或人工开挖的河流及主干常年水位以下的土地。人工渠包括堤岸
		42	湖泊	指天然形成的积水区常年水位以下的土地
		43	水库坑塘	指人工修建的蓄水区常年水位以下的土地
		44	永久性冰川雪地	指常年被冰川和积雪覆盖的土地
		45	滩涂	指沿海大潮高潮位与低潮位之间的潮浸地带
		46	滩地	指河、湖水域平水期水位与洪水期水位之间的土地
5	城乡、工矿、居民用地			指城乡居民点及其以外的工矿、交通等用地
		51	建设用地	指大、中、小城市及县镇以上建成区用地
		52	农村居民点	指独立于城镇以外的农村居民点
		53	其他建设用地	指厂矿、大型工业区、油田、盐场、采石场等用地以及交通道路、机场及特殊用地

续表

一级类型		二级类型		
编号	名称	编号	名称	含义
6	未利用土地			目前还未利用的土地，包括难利用的土地
		61	沙地	指地表被沙覆盖，植被覆盖度在5%以下的土地，包括沙漠，不包括水系中的沙漠
		62	戈壁	指地表以碎砾石为主，植被覆盖度在5%以下的土地
		63	盐碱地	指地表盐碱聚集，植被稀少，只能生长强耐盐碱植物的土地
		64	沼泽地	指地势平坦低洼，排水不畅，长期潮湿，季节性积水或常年积水，表层生长湿生植物的土地
		65	裸土地	指地表土质覆盖，植被覆盖度在5%以下的土地
		66	裸岩石质地	指地表为岩石或石砾，其覆盖面积>5%的土地
		67	其他	指其他未利用土地，包括高寒荒漠、苔原等

3.3.2　流域

Invest-UFRM 可以使用 InVEST 提供的 DeliveateIT 工具划分流域，它相对简单但速度快，并且具有创建可能重叠的流域的优势，例如排水到同一河流上几个大坝的流域。GIS 软件以及一些水文模型也提供了流域划定工具。建议使用建模所用的数字高程模型（DEM）来划定，以便保持流域边界与地形在空间位置上的匹配。或者可以在网上获取一些流域地图，如 HydroBASINS（https://www.hydrosheds.org/products/hydrobasins）。但是，如果流域边界不是基于 UFRM 所使用的 DEM 构建，则汇总到这些流域的结果可能不准确。

具体建筑物（如饮用水设施进水口或水库）的准确位置应向当地的水利管理部门申请获得。部分公开数据可以从以下网站获得。

（1）美国国家水坝清单：https://nid.sec.usace.army.mil/。

（2）全球水库和大坝（GRanD）数据库：http://globaldamwatch.org/grand/。

（3）《世界水资源开发报告 II》大坝数据库：https://wwdrii.sr.unh.edu/download.html。

但对于上述数据中的排水至每个水坝的集水区等数据，需要与模型生成的流域面积进行对比，以评估准确性。

3.3.3　设计暴雨量

设计暴雨量是用于建模目的的假设暴雨量。应根据区域和目标选择设计暴雨量。例如，可以是每次降雨事件的平均降水量，也可以是某个百分位数的降水量或100年一遇的最大降水量。

为了计算设计暴雨量，用户可以查找其城市可用的强度-频率-持续时间(IFD)表。风暴持续时间等于所研究流域的平均集流时间。暴雨集中时间可以从现有研究或网络公开工具如 LMNO(https://www.lmnoeng.com/Hydrology/TimeConc.php)中获得。

3.3.4 水文土壤组

水文土壤组描述了不同类型土壤的径流潜力，水文土壤组按径流潜力从小到大的顺序可分为A、B、C、D四组。有关水文土壤组的更多信息，请参阅美国农业部国家资源保护局相应出版物(https://directives.sc.egov.usda.gov/OpenNonWebContent.aspx?content=17757.wba)，也可从FutureWater(https://www. futurewater.eu/2015/07/soil-hydraulic-properties/)和美国橡树岭国家实验室生物地球化学动力学分布式活动存档中心的 HYSOGs250m 数据(https://daac.ornl.gov/SOILS/guides/Global_Hydrologic_Soil_Group.html)中获得。

FutureWater提供的数字值为1～4、14、24和34，用以刻画不同类型水文土壤组。但是季节性产水量模型只需要4种不同的分类值1/2/3/4之一，因此需要将14、24或34的任何值转换为允许的值之一。不同的转换方式并不影响模型结果，只需要保证在同一模型里其对应关系一致即可。

HYSOGs250m提供的字母值A、B、C、D、A/D、B/D、C/D和D/D用于表征不同的水文土壤组。但若要代入季节性产水量模型中，需要将这些字母转换为模型定义的数值型分类值，其中A=1、B=2、C=3和D=4。同样，A/D、B/D等双值类型也必须转换为 1～4 中的某种。一种简单的转换规则是选择双值类型的一种，但这将增加模型结果的不确定性。若研究区双值类型较多，建议考虑寻找准确度更高的数据。

中国公开的土壤数据可从土壤科学数据中心获得(http://soil.geodata.cn/)。

如果需要更加精确地确定水文土壤组，还可以根据导水率和土壤深度确定。FutureWater的土壤水力特性数据集也包含水力传导率，其他土壤数据库也可能包含。表3-2提供水文土壤组的分配标准。

表 3-2　水文土壤组的分配标准　　（单位：μm/s）

分配标准	水文土壤组类型			
	A 组	B 组	C 组	D 组
当 50～100cm 深度存在不透水层时，最小透水层的饱和导水率	>40	[10,40]	[1,10)	<1μm/s（或防渗层深度<50cm 或地下水位<60cm）
当深度大于 100cm 处存在任何不透水层时，最小透水层的饱和导水率	>10	[4,10]	[0.4,4)	<0.4μm/s

3.3.5　径流曲线值

美国农业部土壤保护中心于 1954 年开发了降雨-径流模型，由于具有参数少、使用简单、准确性高等优点，成为全球地表径流估算的通用模型。径流曲线值是该模型估算径流量的关键参数，径流曲线值变化为±10%，会引起–45%～50%幅度的径流量变化。然而，由于我国地形、土壤、气候、土地利用均与美国存在很大差异，美国农业部土壤保护中心提供的径流曲线值查找表在我国的适用性有待进一步验证。

径流曲线值可以根据土地利用/覆盖类型、水文土壤组参数获得。建议根据研究区的土地利用/覆盖类型、水文土壤组数据，查找文献找其径流曲线值。若找不到或数据不可用，也可以寻找与研究区土地覆盖/土壤/气候尽可能相似区域的值。若这些本地值都不可用，也可使用通用设置方法，即根据美国农业部手册进行设置。不同区域的径流曲线值可从美国农业部手册（NRCS-USDA，2007 年第 9 章）中获得。对于与河流相连的水体和湿地，径流曲线值可以设置为 99（即假设这些像素快速传递径流）。当研究重点是潜在洪水影响时，可以选择径流曲线值来反映史前期径流条件。

中国地区的径流曲线可以参考中国农业科学院农业资源与农业区划研究所构建的修订后的中国径流曲线。具体的参数和描述参见文献（Lian et al.，2020）。

3.3.6　建筑物分布图

一般来说，城市规划管理部门提供的城市建筑物分布数据是评估城市暴雨洪涝缓解能力的标准数据。但是因为此类数据一般难以获得，也可从城市遥感或开源数据如 OpenStreetMap（https://www.openstreetmap.org）获取已建基础设施的地图。此外，卫星或无人机遥感也能够获得高分辨率的城市建筑物分布图。此类数据的优点在于能够获得及时的、更新的城市建筑物分布，但是其缺点是获取的成本较高。

3.3.7　建筑物潜在损失值

不同建筑物单位面积的潜在损失值一般由相关专业机构或政府部门提供。例如，美国联邦应急管理署的 HAZUS 损失数据库提供了不同类型建筑物的潜在损失值。欧盟委员会的“全球洪水深度损失函数”报告(https://publications.jrc.ec.europa.eu/repository/bitstream/JRC105688/global_flood_depth-damage_functions__10042017.pdf)也给出了全球尺度的建筑物损失函数。中国区域由于缺乏公开报道的数据，针对建筑物潜在损失值的计算需要依靠历史资料搜集，以及应急管理部门的实地灾后损失调查数据。当然，在 UFRM 中建筑物潜在损失值仅是计算城市暴雨洪涝缓解服务货币价值的依据，故该部分数据是可选的。

3.4　UFRM 与其他洪涝模型的比较

模型是现实世界的场景的简化表示，城市洪水模型主要用于模拟与预测洪涝场景行为和分析各种城市水文过程。政府部门、学术机构和工程公司开发的许多模型能够模拟城市暴雨洪涝的径流量及水质。当前的城市暴雨洪涝模型按模型机理、计算方法、维度、计算复杂性和空间范围可以归纳如下(图 3-1)。从模型机理的角度来看，城市暴雨洪涝模型可以分为数据驱动型和物理机制驱动型。从计算方法的角度来看，城市暴雨洪涝模型可以分为简化模型、水文模型和水动力模型。从维度的角度来看，城市暴雨洪涝模型可以分为 1 维模型、2 维模型、3 维模型以及耦合维度模型。从计算复杂性的角度来看，城市暴雨洪涝模型可以分为运动波模型、稳定流模型、动力波模型、基于 GIS 模型、耦合模型以及机器学习模型。机器学习模型可以再继续细分为基于元胞自动机模型、基于人工神经网络模型、基于逻辑回归模型、基于随机森林模型、基于支持向量机模型。最后，依据模型的空间范围还可以分为集中式模型和分布式模型。

UFRM 是基于暴雨-产流过程的城市暴雨洪涝缓解能力评估模型。UFRM 中核心的城市暴雨-产流模型采用的是经典的 SCS-CN 模型。按照图 3-1 的城市暴雨洪涝模型分类，UFRM 可以被认为是非严格的物理机制的简单 1 维模型，而且属于分布式模型。

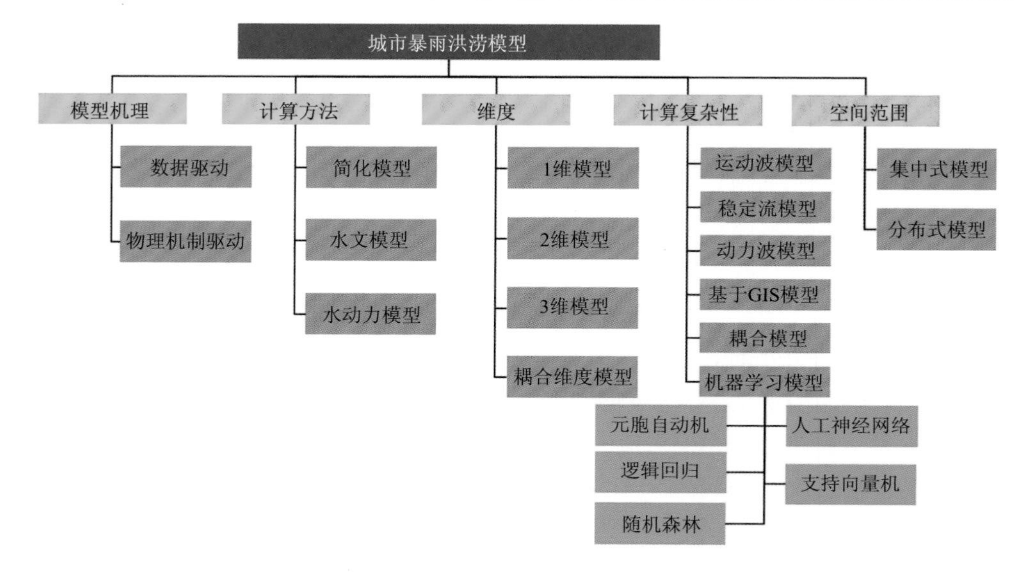

图 3-1　城市暴雨洪涝模型分类体系(Qi et al.，2021)

与经典水文模型和水动力模型相比，UFRM 侧重于从生态系统功能与服务的视角理解城市暴雨洪涝的风险。与传统的水文模型和水动力模型 SWMM、LISFLOOD-FP、SWAT 不同，UFRM 侧重于从减少径流的视角，评估生态系统和基础设施在缓解城市暴雨洪涝中的作用以及价值，进而还可以叠加洪水范围潜力和已建基础设施的信息来计算潜在经济损失。因此 UFRM 可以被认为是一个集合了生态系统、致灾因子和社会系统的人-地耦合模型。

3.5　典 型 案 例

基于 InVEST-UFRM，国内外学者在不同尺度上对不同区域的城市暴雨洪涝缓解能力开展了评估工作。这些工作大致可以分为两大类：第一类是侧重于城市区域的产流分析。这类方法主要基于 UFRM 或者直接运用 SCS-CN 模型分析典型城市区域产流量的时空格局特征及其影响因素，进而为提高城市发展水平和改进城市洪涝应对能力提供建议和对策。第二类是侧重于暴雨洪涝缓解能力评估。这一类方法利用情景分析法，通过设定不同暴雨条件(即降水强度，如 5 年一遇、10 年一遇、30 年一遇等)，分析和讨论城市暴雨洪涝的缓解能力以及风险评估。

第一类城市区域的产流特征研究主要是基于 SCS-CN 模型，利用气象资料和土壤、地形和土地利用等地理环境数据计算下垫面的径流量，进而分析坡度、土壤和土地利用对径流量的影响(Li et al.，2019; Prokešová et al.，2022)。我国学者也利用SCS-CN模型对我国东中部地区的大型城市开展了诸多相关研究。例如，Yao等(2018)利用SCS-CN模型识别了北京市不同城市功能区的降雨径流特征，发现城市商业区的暴雨径流风险最高而绿地的暴雨径流风险最低，整体呈圆形分布，高暴雨径流风险区集中在城市中心。Hu 等(2020)基于卫星遥感数据，利用SCS-CN模型调查了北京市1984～2019年中心城区地表径流，发现不透水面是影响北京市地表径流的主要土地利用类型。程江等(2010)利用修正后的SCS-CN模型分析了土地利用方式、前期土壤湿润程度和降水强度与上海市中心城区暴雨径流的关系，发现随着降水强度增加，前期土壤湿度增加，土地利用类型对降水径流的影响变小，降水类型起主要作用，而降水强度越小，前期土壤越干燥，土地利用类型对降水径流的影响越大。马丽君等(2022)利用气象资料和SCS-CN模型分析了郑州市坡度、土壤、土地利用对径流的影响，发现郑州市径流主要分布在人类活动密集区域，坡度对径流的贡献与集水区面积成正比，褐土对径流的贡献最大，而且前期土壤湿润程度对径流也具有反作用。Li 等(2018)利用SCS-CN模型和增强回归树模型分析了沈阳市不同城市功能区城市化对径流的影响，发现高密度住宅区、商业区和工业区具有较大的径流量和径流系数；降水是影响城市径流量的主要因素，其次是不透水面占比、归一化植被指数和前五天降水量。Shrestha等(2021)基于卫星遥感数据，利用SCS-CN模型分析了土地利用变化对厦门市地表径流的影响，结果表明地表径流增加较多的时间发生在厦门市快速城市化时期，建设用地面积的增加显著提高了该地区的地表径流。而在最近的研究中，城市发展形态以及城市居民区密度对城市暴雨-产流的影响逐渐得到重视(Xu et al.，2020a)。

对于第二类评估城市暴雨洪涝缓解能力以及风险的研究，国外学者较早开始进行了相关评估研究工作，我国学者也已经开始重视并且进展较快。Kadaverugu等(2021，2022)利用InVEST-UFRM定量评估了印度海得拉巴市2年一遇和5年一遇暴雨条件下的城市洪涝缓解能力；并且基于此评估结果，提出了洪水脆弱性指数以度量城市内部微流域尺度上的洪水脆弱性。Quagliolo 等(2021)将InVEST-UFRM与GIS集成，评估了意大利利古里亚地区两次极端降水事件的径流量，并将模型结果作为定义每种土地利用类型自然持水量的度量值，进而为制定每种土地利用类型的削减径流方案提供依据。国内对城市暴雨洪涝缓解能力的评估逐渐兴起。陈俊明(2020)利用SCS-CN模型评估了在2h降水100mm的情景下福州市的地表径流空间分布，进而根据行政单元和土地利用类型划分了暴雨洪涝风险空间。戴开璇等(2022)基于未来气候数据和土地利用模拟预测数据，利用 SCS-CN 模型在街道尺度上评估了拉萨市洪涝缓解能力的时空格局演变，并发现对水体的占用将会极大削减拉萨市的洪涝缓解能力。Peng 等(2019)基于 UFRM 评估了珠海市城市暴雨洪涝缓解能力以及其他 6 种与水相关的城市生态系统服务，并结合社会需求和自然供给确定了城市的优先发展区域。此外，彭建等(2018)利用 CLUE-S 土地利用变化模拟模型、SCS 模型及等体积淹没算法分析了 50 年一遇暴雨水平下深圳市茅洲河流域的城市暴雨洪涝灾害风险。Xu 等(2020b)通过使用 SCS-CN 模型，根据 1980～2018 年的长期遥感数据评估了深圳市防洪生态系统服务及其动态趋势。此外，近几年来结合优化算法通过改进土地利用系统提高城市暴雨洪涝缓解能力，减少暴雨洪涝风险研究逐渐增加(Yu et al.，2019)。此外，通过耦合 SCS-CN 模型与 GIS 技术，也可以进一步评估城市区域的暴雨洪涝风险。例如，丁锶湲等(2022)以闽三角城市群为研究对象，耦合 SCS-CN 模型与 GIS 技术，通过计算不同暴雨重现期(5 年一遇、10 年一遇、50 年一遇)下的洪水淹没范围，进而构建闽三角城市群洪涝淹没风险评估体系，为闽三角城市群的生态安全保障与可持续发展提供支撑。

4 全国未来城市扩张对暴雨洪涝缓解能力的影响

4.1 研究背景

IPCC 第六次评估报告显示，全球气候变化造成极端降雨事件频率、强度、范围增大，尤其对人类集中居住的城市地区造成威胁(翟盘茂等, 2021; 黄磊等, 2020)。我国约 62%的城市遭受过洪涝灾害的侵袭，洪涝灾害年均受灾人口超过 1 亿人，直接经济损失 1678.6 亿元(陈浩等, 2021; 李莹和赵珊珊, 2022)。城市洪涝已经成为实现城市可持续发展目标的关键障碍之一(韩宝龙和欧阳志云, 2021)。

气候变化和城市化共同加剧了城市暴雨洪涝风险，威胁城市的未来高质量发展。气候变暖加快了水文循环过程，使得大气持水能力增强、稳定性降低，造成极端降雨事件的强度增大、频率增加，间接提高城市暴雨洪涝风险(张建云等, 2016; 孟丹等, 2017)。根据 CMIP6 耦合模式预测结果，21 世纪末我国暴雨洪涝强度将增长 20%以上(尹家波等, 2021)。此外，随着城市化水平的提高，城市建成区面积不断增加，自然地表被不透水面取代，不仅改变了水分截留、下渗、汇流等过程，并且引发了城市“雨岛”效应，削弱了城市生态系统应对暴雨洪涝灾害的韧性(宋晓猛等, 2014; 徐宗学和叶陈雷, 2021)。

近年来，我国许多城市通过更新排水管网、修建排水渠、建设蓄洪水库等“灰色”设施，通过加快城市内部雨洪径流向外排出的速度，以应对日益加剧的城市洪涝风险(Wang et al., 2018b)。然而，这些防洪设施的建设往往需要大量公共投资、较长的建设周期，并且会给人们的日常生活造成不便(Kremer et al., 2016)。更重要的是，城市地区产生的径流中包含大量污染物和微生物，直接使用排涝设施向外排放这种含污染物的径流，会对城市周边的生态环境造成严重影响(Lapointe et al., 2022)。因此，基于自然生态系统功能的城市雨洪应对方案在近年来逐渐得到重视(Fitzgerald and Laufer, 2017)。

城市洪涝缓解能力是指城市生态系统消纳雨水、减少地表径流，从而降低城市洪涝风险的能力(李孝永和匡文慧, 2020; 韩宝龙和欧阳志云, 2021)。当前，相关学者对国内外不同地区的生态系统洪涝缓解能力开展了一系列研究，但其评估的空间尺度及分析角度存在差异。国外学者大多聚焦于大洲、国家等区域尺度，评估不同区域生态系统洪涝缓解能力的时空演变过程，并分析洪涝缓解能力的自然供给与社会需求的分布情况，为合理利用自然洪涝缓解能力提供建议(Nedkov and Burkhard, 2012; Stürck et al., 2014; Mori et al., 2021)。国内学者则主要在单个城市尺度上开展洪涝缓解能力评估，侧重于对城市内部的精细分析，为城市景观格局的合理配置和城市防洪设施建设提供指导(姚磊等, 2015; Xu et al., 2020b; Pamukcu-Albers et al., 2021)。在已有研究中，基于水文模型模拟评估的方法得到了广泛应用，如 SWAT、SWMM、InfoWorks 等模型(杨钢等, 2018; 张旭兆等, 2019; 黄国如等, 2017)。其中，水土保持服务(soil conservation service, SCS)模型作为水文模型中通用的产流模型，在城市洪涝缓解能力评估中应用较多(廖佳卉等, 2020; Shen et al., 2019)。例如，Zhang 等(2012)基于地表径流系数，对北京市城市绿地径流缓解能力及其经济效益进行了评估。姚磊等(2015)基于 SCS 模型分析北京市不同功能区的产流能力，结果显示北京市城市商业区产流风险最高，天然绿地消纳降雨能力最强。朱文彬等(2019)综合 SCS 模型和替代市场法，定量评估厦门市城市绿地缓解暴雨径流的能力，指出城市乔木绿地具有较高的洪涝缓解能力。但是，已有研究大多是针对历史洪涝缓解能力的评估和分析，而缺少对城市洪涝缓解能力在未来变化情景下的预测和评估。

本章以全国 36 个主要城市作为研究区，通过综合城市扩张模拟模型 FUTURES 与城市洪涝缓解能力评估模型 UFRM，在不同 SSP-RCP 情景下，定量评估未来气候变化和城市土地利用变化作用下的城市洪涝缓解能力。以期为未来城市发展格局规划、城市防涝生态建设提供科学建议。4.2 节是研究区概况与研究数据的介绍，4.3 节是研究方法的介绍，4.4 节是评估结果与分析，4.5 节是本章小结(研究的结论及政策建议)。

4.2 研究区概况与研究数据

4.2.1 研究区概况

本章选取了全国 36 个主要城市作为研究区域，如图 4-1 所示。包括 4 个直辖市：北京市、上海市、天津市、重庆市；5 个计划单列市：深圳市、青岛市、大连市、宁波市、厦门市；27 个省会城市：石家庄市、太原市、呼和浩特市、沈阳市、长春市、哈尔滨市、南京市、杭州市、合肥市、福州市、济南市、南昌市、郑州市、武汉市、长沙市、广州市、南宁市、海口市、成都市、贵阳市、昆明市、拉萨市、西安市、西宁市、兰州市、银川市、乌鲁木齐市。其中，厦门市、济南市、武汉市、南宁市、重庆市、北京市、天津市、大连市、上海市、宁波市、福州市、青岛市、深圳市、西宁市14个城市先后被确定为中国“海绵城市”建设试点城市，旨在通过构建和改善城市水生态设施，提升城市洪涝灾害应对能力。

36个主要城市是中国地区经济、政治、文化中心，具有较高的社会发展和城市化水平。这些城市由于聚集了大量的人口和财产，在城市洪涝灾害中面临更大的风险和损失。并且其中大部分城市在过去的一段时间内均遭受过城市洪涝灾害的侵袭，如2012年北京市“7·21”特大暴雨、2015年武汉市“7·23”特大暴雨、2021年郑州市“7·20”特大暴雨等，对居民日常生活和社会经济发展造成了严重的影响。因此，有必要对其未来城市扩张格局进行合理预测，并通过结合气候变化预估数据，对其未来洪涝缓解能力进行分情景评估和分析，为中国未来的城市发展格局构建提供科学指导。

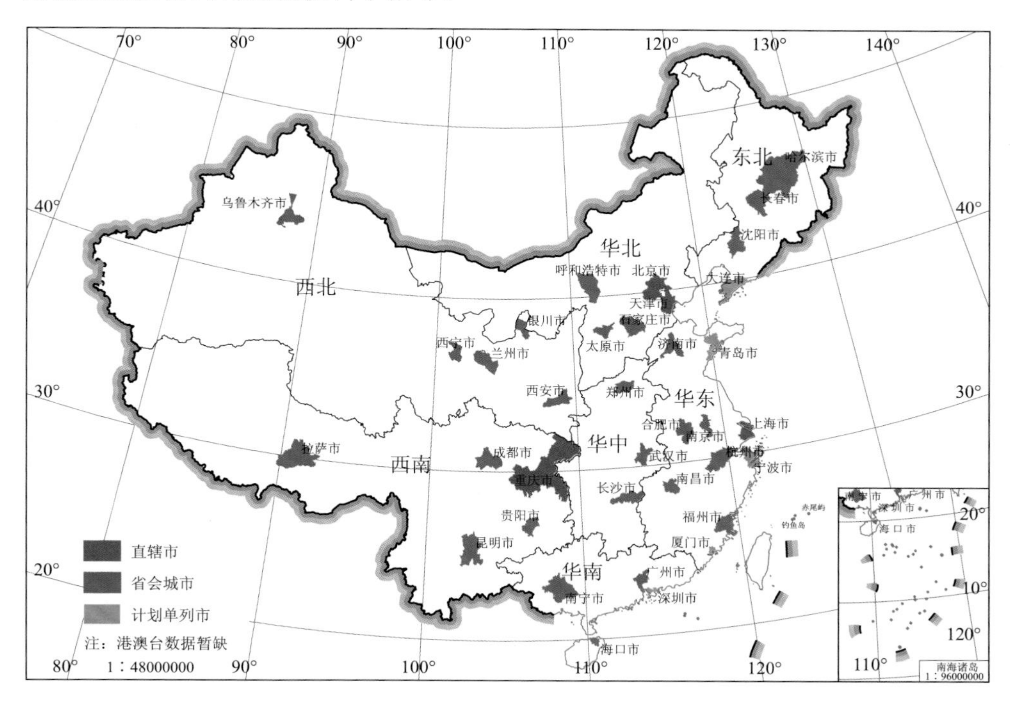

图4-1 研究区域

4.2.2 数据来源及预处理

城市扩张模拟模型所需的数据包括历史人口数据、历史土地利用/覆盖分布数据、未来土地利用/覆盖需求预测数据、土地利用/覆盖变化驱动因子数据等。历史人口数据来自各研究城市统计年鉴。历史土地利用/覆盖分布数据来自中国科学院资源环境科学与数据中心提供的 30m 分辨率土地利用/覆盖遥感监测数据集。未来土地利用/覆盖需求预测数据来自 LUH 数据集(Chini et al., 2020)，该数据集提供了不同 SSP 情景下未来各种土地利用/覆盖类型面积和分布的预估。土地利用/覆盖变化驱动因子数据包括 GDP 空间分布、夜间灯光遥感、DEM、路网、兴趣点(POI)等。

城市洪涝缓解能力评估模型的输入数据有土地利用/覆盖、极端降水量、水文土壤组等。其中，历史极端降水量来自吴佳和高学杰(2013)发布的 CN05 格点化降雨数据集。未来极端降水量来自 Pan 等(2020)提供的不同代表性浓度路径(RCP)情景下中国未来气候动力降尺度预测数据集。水文土壤组来自美国橡树岭国家实验室生物地球化学动力学分布式活动存档中心公布的全球水文土壤组分布数据集(Ross et al., 2018)。以上所有栅格数据均经过重投影、重采样等操作将分辨率统一到 30m，详细的数据说明如表 4-1 所示。

表 4-1　数据项及数据来源

项目	数据项	时间范围	空间分辨率	数据来源
城市扩张模拟模型 FUTURES	历史人口	2000 年、2005 年、2010 年、2015 年	市级尺度	各市社会经济统计年鉴
	LUH 土地利用/覆盖	公元 850～2100 年	0.25°	https://luh.umd.edu
	中国土地利用/覆盖遥感监测 RESDC	2000 年、2005 年、2010 年、2015 年、2018 年	30m	中国科学院资源环境科学与数据中心
	GDP 空间分布	2015 年	1km	中国科学院资源环境科学与数据中心
	夜间灯光遥感	2013 年	1km	中国科学院资源环境科学与数据中心
	DEM	2009 年	30m	地理空间数据云
	路网	2015 年	矢量	全国地理信息资源目录服务系统
	POI	2015 年	矢量	高德地图 API
城市洪涝缓解能力评估模型 UFRM	城市行政边界	2015 年	矢量	中国科学院资源环境科学与数据中心
	CN05 格点化降雨观测	1955～2015 年	0.25°	吴佳和高学杰(2013)
	中国未来降雨预测	2007～2099 年	0.25°	Pan 等 (2020)
	水文土壤组分布	2015 年	250m	美国橡树岭国家实验室生物地球化学动力学分布式活动存档中心

注：部分数据中心的网址如下：中国科学院资源环境科学与数据中心(https://www.resdc.cn)、地理空间数据云(http://www.gscloud.cn)、全国地理信息资源目录服务系统(https://www.webmap.cn)、高德地图 API(https://lbs.amap.com)、美国橡树岭国家实验室生物地球化学动力学分布式活动存档中心(https://daac.ornl.gov)。

4.3 研 究 方 法

4.3.1 技术路线

技术路线图如图 4-2 所示，本章第一部分是基于 FUTURES 模型的城市未来扩张模拟，主要包括未来城市扩张面积需求预测、城市扩张潜力分布计算、模拟精度验证三部分，该部分的最终输出为 36 个主要城市在不同 SSP 情景下的未来城市扩张情况。因此，本章选用 FUTURES 模型模拟城市扩张。第二部分是 UFRM 城市未来洪涝缓解能力模型构建，主要包括径流曲线值获取、历史极端降水量提取、未来 RCP 情景下极端降水量提取三部分。第三部分是耦合未来城市扩张和气候变化的城市洪涝缓解能力变化评估，基于 UFRM 评估不同 SSP-RCP 情景下的未来城市洪涝缓解能力，并分析城市扩张对洪涝缓解能力的影响，针对不同的城市类型提出相应的政策建议。

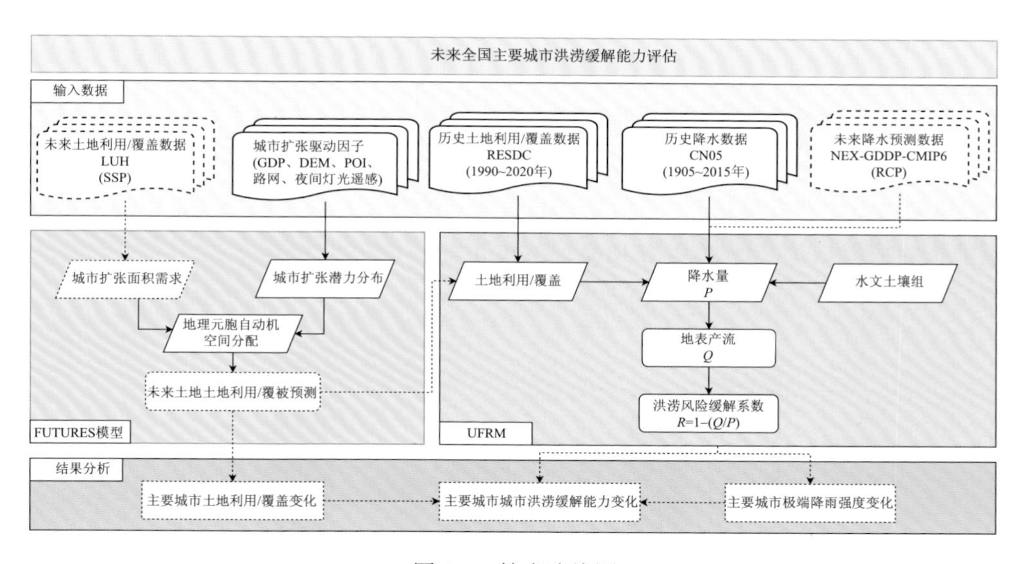

图 4-2 技术路线图

4.3.2 城市扩张模拟

本章利用 FUTURES 模型模拟 36 个主要城市在不同 SSP 情景下的未来城市扩张情况。该模型是一个基于地理元胞自动机和多层次逻辑回归模型的城市扩张模拟模型，可以实现城市发展形态的动态调整，并且能够方便地与其他模型进行耦合(Meentemeyer et al., 2013)。目前 FUTURES 模型已经在未来城市发展形态模拟、城市生态系统服务变化评估、城市用水需求预测等方面得到应用(Dai et al., 2020; Shoemaker et al., 2019; Sanchez et al., 2020)。FUTURES 模型由城市扩张面积需求预测、城市扩张潜力计算、城市扩张图斑模拟等子模块组成(邓婧等, 2013)，关于该模型运行机制的详细介绍见 2.1 节。

4.3.2.1　城市扩张面积需求计算

城市扩张面积需求是对未来城市规模的数量约束。本章以美国马里兰大学发布的未来土地利用/覆盖数据集 LUH 为基准，对各研究区的未来城市用地面积进行预测。由于模型输入的 RESDC 土地利用/覆盖数据与 LUH 数据的空间尺度不匹配，本章使用线性回归校准方法，对城市扩张面积需求进行计算。具体计算步骤为：首先，计算 1990～2015 年各城市在 RESDC 和 LUH 数据中的城市用地面积占比，并建立二者之间的线性关系。然后，以 2016～2050 年 LUH 数据的城市用地预测数据作为输入，基于线性回归方程，预测 RESDC 数据下不同城市的未来城市扩张面积占比变化。最后，通过将未来城市用地面积占比与城市总面积相乘，得到未来逐年的城市用地面积扩张需求。

研究中选择 SSP126(可持续发展情景)、SSP245(历史趋势发展情景)、SSP585(化石燃料发展情景)三种具有显著差异的共享社会经济路径，作为未来城市扩张的模拟情景。到 2050 年所有研究城市的扩张面积总需求预测结果如图 4-3 所示。

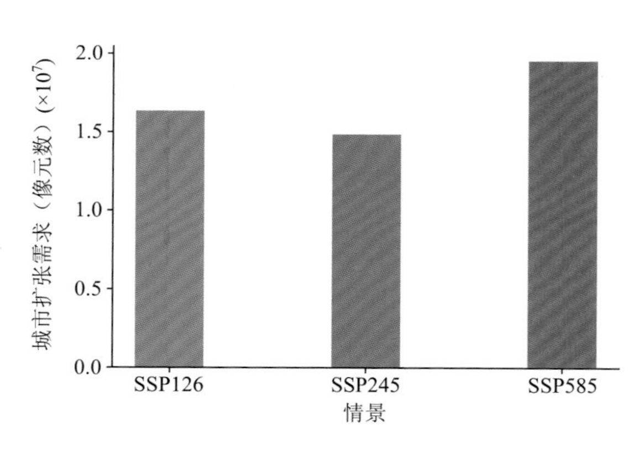

图 4-3　未来城市扩张面积总需求

4.3.2.2 城市扩张潜力计算

城市扩张潜力分布是对城市发展格局的空间约束。该模块的主要功能是对像元发展适宜性进行评价，即定量衡量像元转换为城市类型的概率。模型中利用多层次逻辑回归模型，建立起城市像元转换概率与各驱动因子之间的关系。模型的输入数据为驱动像元转换为城市类型的自然和社会因素栅格数据，输出数据为城市发展潜力的空间分布栅格图。

本章使用到的驱动因素有：各城市 DEM、坡度、年平均降水量、年平均温度、年均积温、到一级道路的距离、到二级道路的距离、到三级道路的距离、到城市主干道的距离、到高速收费站的距离、到机场的距离、到医院的距离、到政府的距离、到地铁站的距离等。由于不同城市的扩张受到不同驱动因素的影响，研究中针对不同城市分别建立对应的多层次逻辑回归模型。在模型建立时以 AIC 指数为标准，对输入变量组合进行筛选，以得到最优模型。

4.3.2.3 城市扩张模型校准

模型校准模块基于参数试错法，使用不同的参数组合多次运行模型，通过比较模拟结果与实际结果之间的预测精度，得到最优结果的参数组合。本章以 1990 年的土地利用/覆盖状况为起点，模拟各城市 2015 年的土地利用/覆盖状况。通过将模拟结果与实际状况相比较，计算得到所有城市的 Kappa 系数均大于 0.8，其满足模型精度要求。

4.3.3 暴雨洪涝缓解能力评估

InVEST-UFRM 基于美国农业部水土保持局研制的 SCS-CN 产流模型，根据降水量与径流量之间的水分平衡关系，评估城市下垫面减少径流产生的能力(Natural Capital Project, 2021)。以往的研究多利用 SCS-CN 产流模型对地表产流量大小的计算，而忽视了模型在表征下垫面减少径流，缓解洪涝灾害的能力，UFRM 为 SCS-CN 产流模型的应用提供了新的视角。城市中的草地、林地等自然环境设施能够有效减少暴雨引起的地表径流并减缓其流速(Yang et al., 2013)，而该模型能够对这种缓解能力进行定量评估(Hamel et al., 2021; Kadaverugu et al., 2021)，UFRM 的详细介绍见 3.2 节。

4.3.3.1 水文土壤组分布

本章中土壤的下渗系数 λ 设置为经验值 0.2，各城市的水文土壤组数据截取美国橡树岭国家实验室生物地球化学动力学分布式活动存档中心提供的全球水文土壤组分布数据，其空间分布如图 4-4 所示。

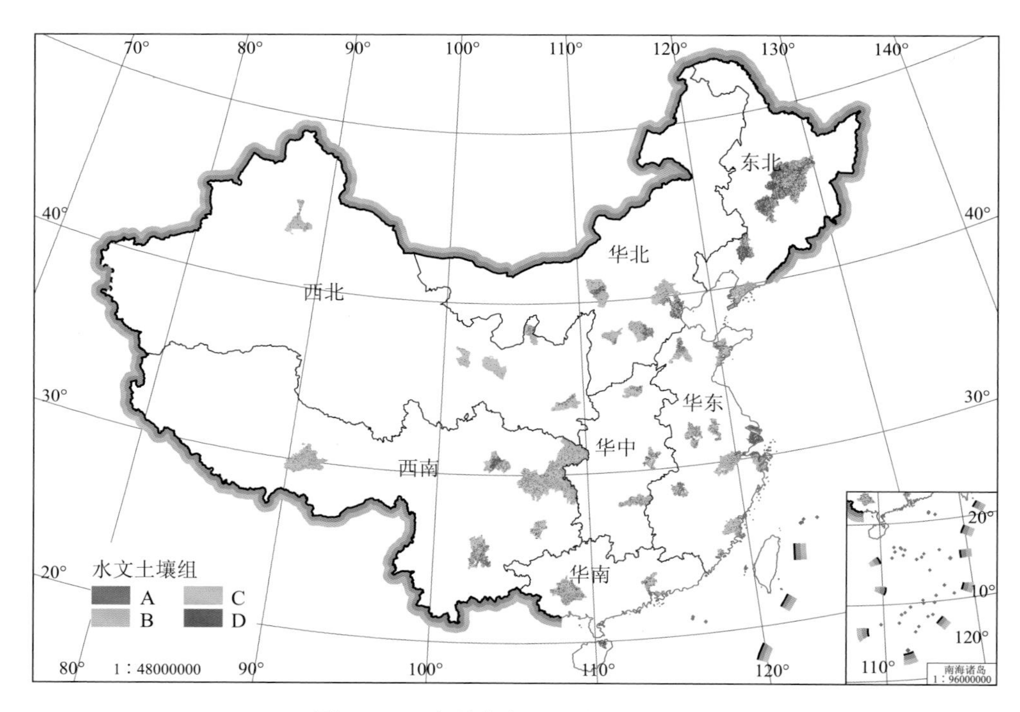

图 4-4 36 个城市水文土壤组空间分布

港澳台数据暂缺

4.3.3.2 极端降水量提取

1961～2020 年的历史极端降水量提取自吴佳和高学杰（2013）制作的 CN05 格网降雨数据集，2020～2050 年的未来极端降水量提取自 Pan 等（2020）发布的 RCP 情景下中国降雨预测数据集。两个数据集的空间分辨率均为 0.25°，时间分辨率为逐日。由于极端降雨事件的不确定性较大，研究中使用百分位阈值法对各市在较长时段内的极端降水量进行提取。具体方法是：首先利用分区统计方法，逐日统计各城市内格点的平均值，作为城市的日均降水量。然后分别获取历史和未来时段内日降水量超过 25mm 的事件集合，取集合降水量的 90%分位数作为各城市在不同时段内的极端降水量值。

4.4　评估结果与分析

4.4.1　未来城市扩张变化

4.4.1.1　总体变化

通过2050年城市扩张的模拟结果与2015年相比，各城市土地利用/覆盖面积变化率如图4-5所示。总体上看，36个主要城市的建设用地面积增长率在30%左右，其中SSP585情景下扩张幅度最大，达到34.99%；在SSP126情景下增长了30.24%。而在SSP245情景下增长最少，为27.86%，模拟结果的数量变化与需求设定的情况一致(图4-3)。其中，耕地和水域的面积变化率均低于–4%，说明这两类土地是未来城市扩张最主要的侵占对象。而林地、草地和未利用土地的面积缩减幅度较小，且变化率均高于–3%。

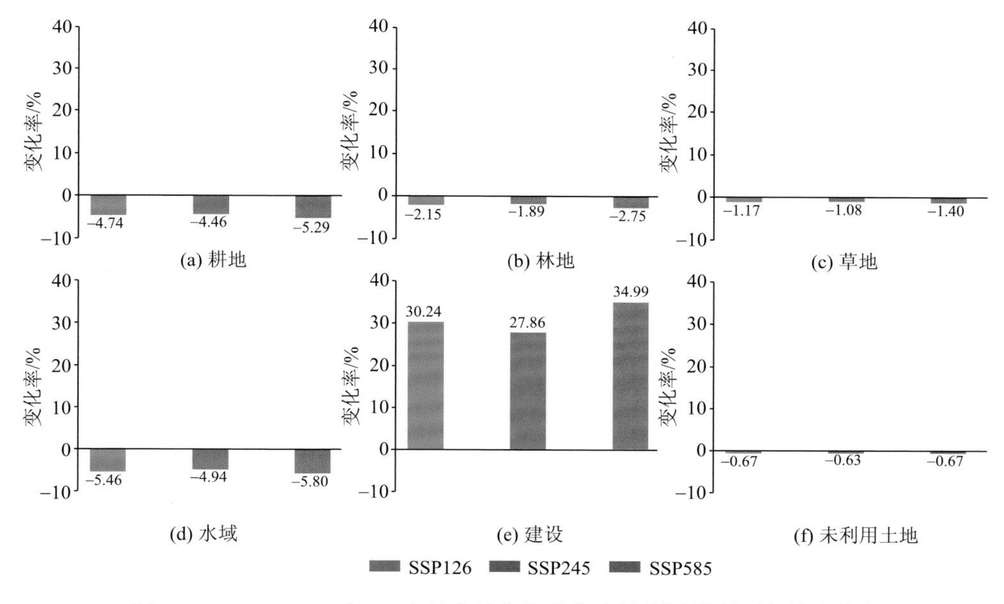

图4-5　2015～2050年36个城市扩张导致各土地利用类型面积的变化率

4.4.1.2　分城市变化

分城市来看，各城市2050年的建设用地面积变化率如图4-6所示，不同城市扩张幅度差异较大。杭州、北京、济南三座城市的扩张幅度较大，在三种情景下的扩张幅度均超过 60%。而拉萨、西宁、长春、乌鲁木齐等城市的扩张幅度较小，均不高于 5%。此外，各城市的扩张幅度在不同情景间存在较大差异。例如，杭州、济南、南京等城市在 SPP585 情景下扩张幅度最大，在 SSP245 情景下扩张幅度最小，与 36 个城市的总体变化趋势一致。而郑州、银川、呼和浩特、成都、深圳、拉萨等城市在 SSP126 情景下的城市扩张幅度最大；长春、兰州等城市在 SSP245 情景下扩张幅度最大。

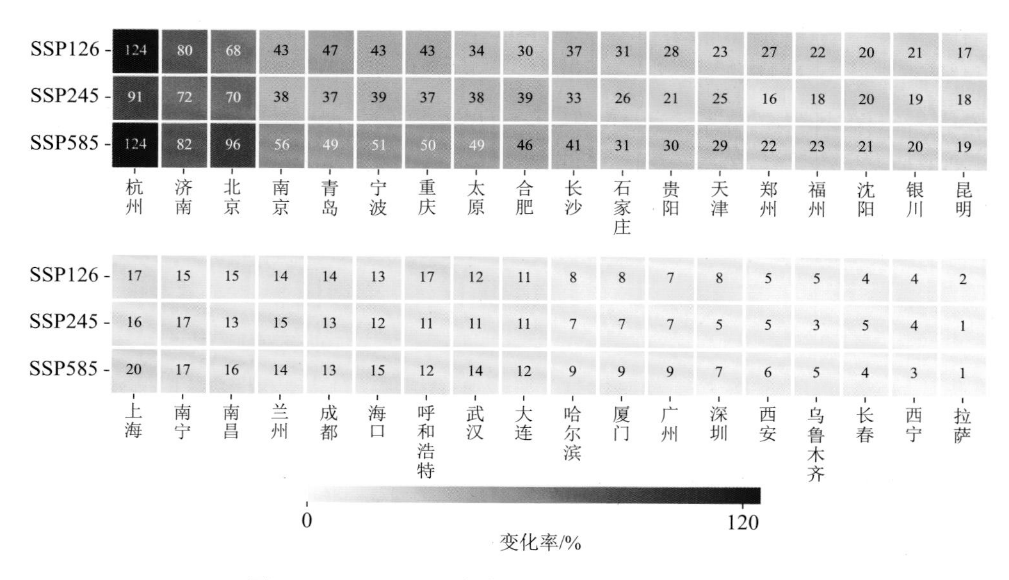

图 4-6　2015～2050 年各城市建设用地面积变化率

4.4.2　未来极端降水强度变化

4.4.2.1　总体变化

与 1961～2020 年相比，36 个主要城市在 2021～2050 年极端降水强度的变化率如图 4-7 所示，红线代表变化率的中位数，表示整体的极端降水强度变化情况。从总体上看，仅 RCP126 情景下的极端降水强度略微增加了 0.40%，而在 RCP245 和 RCP585 情景下极端降水强度均在降低，分别为–5.37%和–2.33%。因此，主要城市的未来极端降水强度在整体上呈现降低趋势。

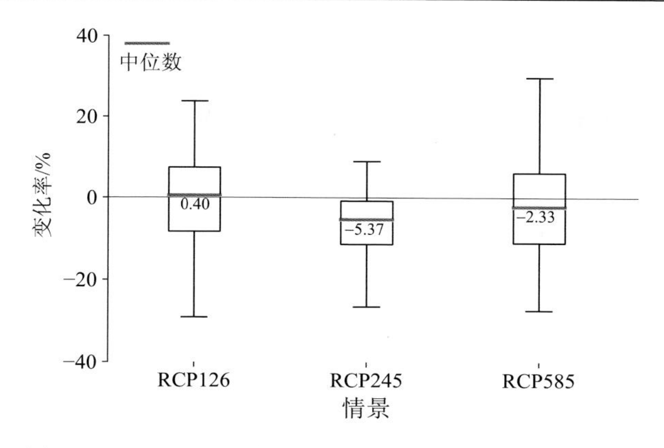

图 4-7　2021～2050 年 36 个城市总体极端降水量变化率

4.4.2.2　分城市变化

各城市的未来极端降水强度变化率如图 4-8 所示，红色越深表示极端降水强度增长幅度越大，蓝色越深表示极端降水强度降低幅度越大。各城市在不同 RCP 情景下的极端降雨变化趋势和变化幅度存在差异。拉萨、西安、太原等城市在三种 RCP 情景中的极端降水强度均在增加，而海口、沈阳、哈尔滨、乌鲁木齐、成都、武汉等城市在所有情景下的极端降水强度均降低。但部分城市在不同 RCP 情

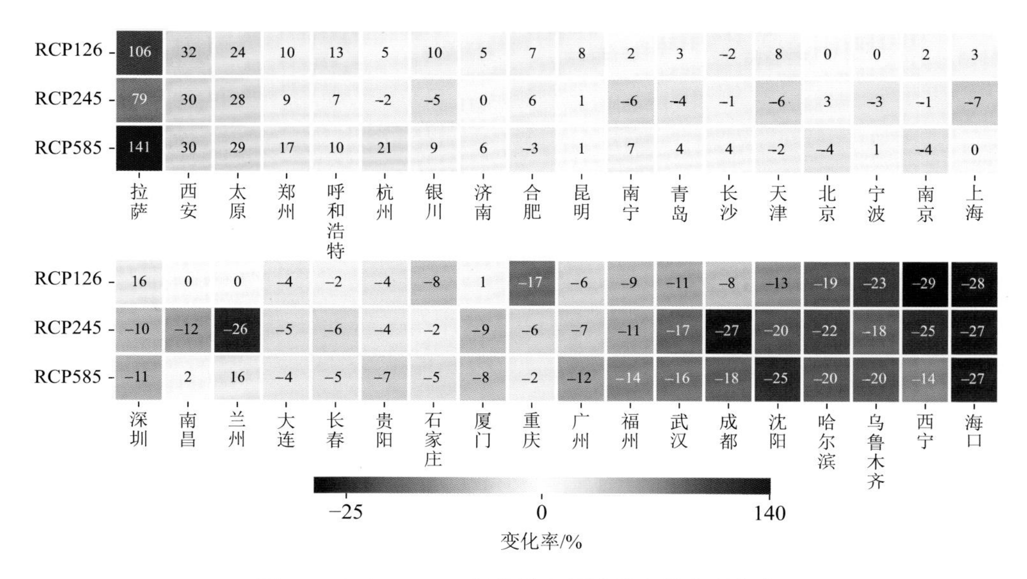

图 4-8　2021～2050 年各城市极端降水强度变化率

景下的降水强度表现出相反的变化趋势，如杭州、兰州、银川、南宁等城市的极端降水强度仅在 RCP245 情景中表现出降低趋势，相反地，天津、深圳等城市仅在 RCP126 情景下出现了极端降水强度增大的趋势。因此，极端降水强度的变化不仅在城市之间存在较大异质性，而在同一城市的不同气候变化情景下也会表现出较大区别。

4.4.3 基于城市扩张和极端降水量变化率的城市类型划分

以未来城市扩张变化率和极端降水量变化率为轴，根据双变量之间的关系，对不同情景下的城市类型进行划分。在城市扩张类型的划分中，以所有城市的扩张变化率中位数 17%为标准，将城市划分为低扩张速度和高扩张速度两类。在城市极端降雨变化类型的划分中，以 0 变化率为标准，将城市划分为极端降水量降低和极端降水量增高两类。所以 36 个城市分别被划分为低扩张速度-极端降水量降低(低-低)、低扩张速度-极端降水量增高(低-高)、高扩张速度-极端降水量降低(高-低)、高扩张速度-极端降水量增高(高-高)四种类型，不同情景下的城市类型划分结果如图 4-9 所示。

从单个变量的变化率上看，未来扩张规模较大的城市(高-低、高-高)主要分布在华北平原地区以及华东地区，如北京、济南、郑州、重庆、南京等。而扩张规模较小的城市(低-高、低-低)主要分布在东北地区、西北地区，以及华南地区，如哈尔滨、乌鲁木齐、拉萨、深圳、海口等。

未来极端降水量增加的城市(低-高、高-高)主要分布在华北地区和西南地区，如济南、太原、郑州、西安、银川、昆明等城市。而未来极端降水量降低的城市(高-低、低-低)主要分布在东北地区、西北地区和华南地区，如哈尔滨、兰州、广州、海口等城市。

综合双变量的变化情况，高-高类型城市在三种情景下均集中分布在黄淮海平原地区，如北京、天津、郑州、南京、杭州等。因此，该地区城市面临着未来城市扩张速度加快和极端降水强度增大的双重压力。相反地，低-低类型城市主要分布在东北地区和西北地区，如哈尔滨、沈阳、乌鲁木齐、兰州等。这些城市的未来扩张规模较小，且极端降水量降低，因此其未来城市洪涝灾害风险相对较低。

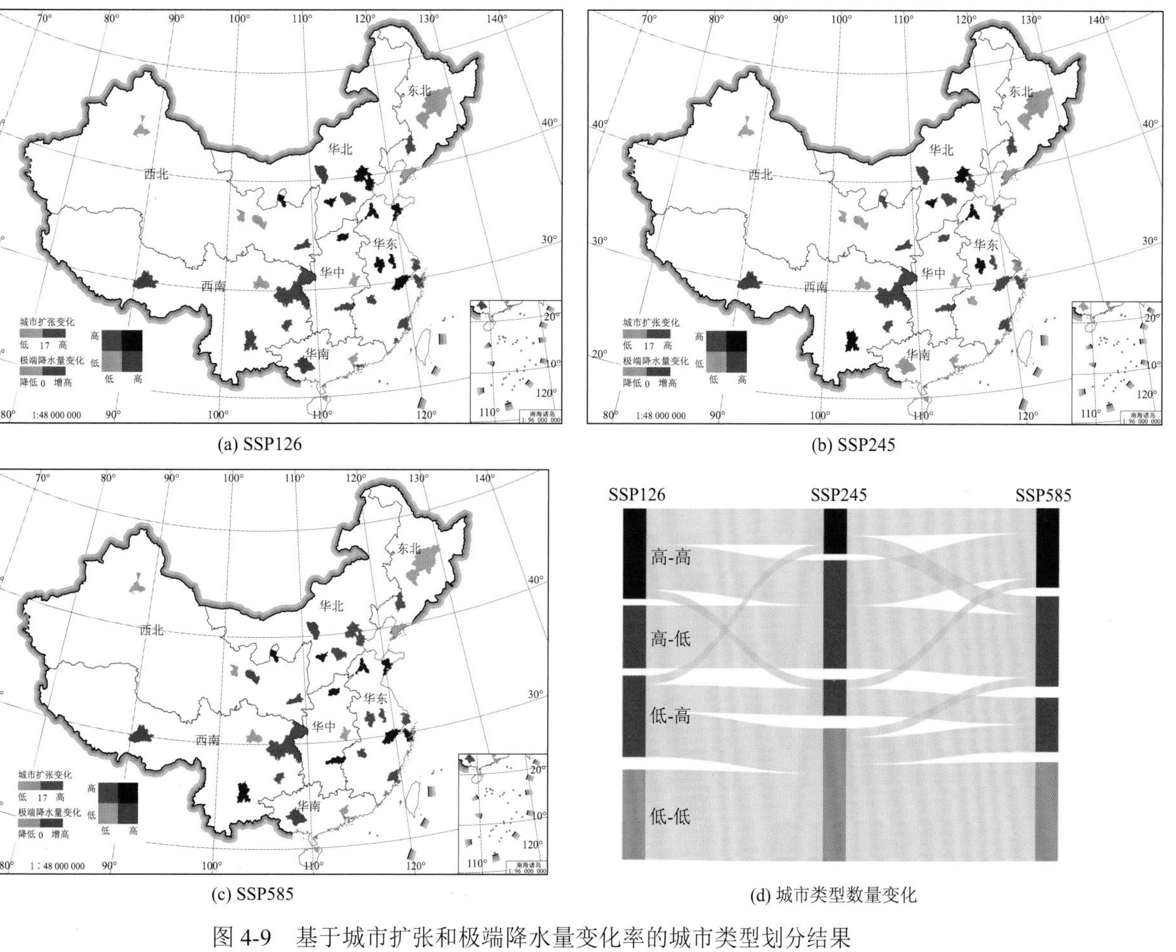

(a) SSP126　(b) SSP245

(c) SSP585　(d) 城市类型数量变化

图 4-9　基于城市扩张和极端降水量变化率的城市类型划分结果

(a)~(c) 港澳台数据暂缺

4.4.4　未来洪涝风险削减能力变化

4.4.4.1　总体变化

城市未来扩张与极端降雨条件下，对其洪涝缓解能力进行评估，并与历史条件下的评估结果进行比较，得到洪涝缓解能力变化率如图 4-10 所示。从总体上看，仅 SSP245 情景下洪涝缓解能力提高了 0.16%，这是因为 SSP245 情景下的未来城市扩张规模最小，并且由于该情景下极端降水强度降低幅度最大，进一步避免了城市洪涝缓解能力的降低。SSP585 情景下缓解能力的下降幅度最大，为–2.71%，而 SSP126 情景下的缓解能力降低了 2.12%。这主要是由于 SSP126 情景的极端降水强度大于 SSP585 情景，而 SSP585 情景下城市扩张幅度大于 SSP126 情景。

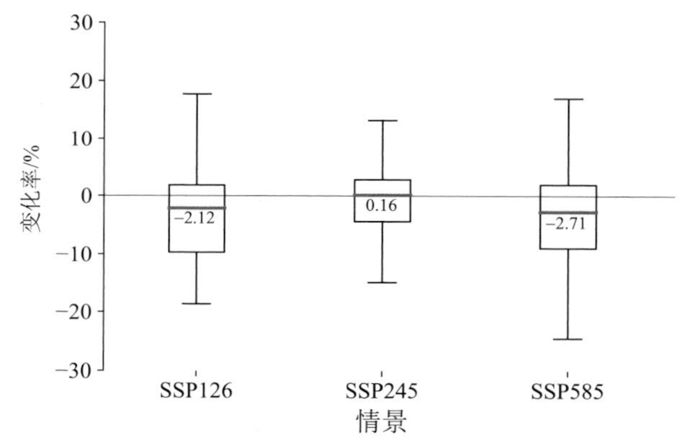

图 4-10　2015～2020 年 36 个城市总体洪涝缓解能力变化率

4.4.4.2　分城市变化

各城市在不同情景下的洪涝缓解能力变化情况如图 4-11 所示，红色越深表示洪涝缓解能力降低幅度越大，绿色越深表示洪涝缓解能力提升幅度越大。

在三种 SSP 情景下，未来洪涝缓解能力降低的城市集中在华北地区、华东地区以及西南地区，如北京、济南、上海、杭州、拉萨、昆明等。其中华北地区城市的降低幅度最大，例如北京、济南的洪涝缓解能力降低幅度均超过 15%。洪涝缓解能力提升的地区则主要分布在东北地区、西北地区、西南地区、华南地区，如哈尔滨、长春、西宁、乌鲁木齐、成都、武汉、广州、海口等。其中海口的洪涝缓解能力提升幅度最大，在三种情景下提升幅度均超过 17%；沈阳、哈尔滨的洪涝缓解能力提升幅度均超过 5%。

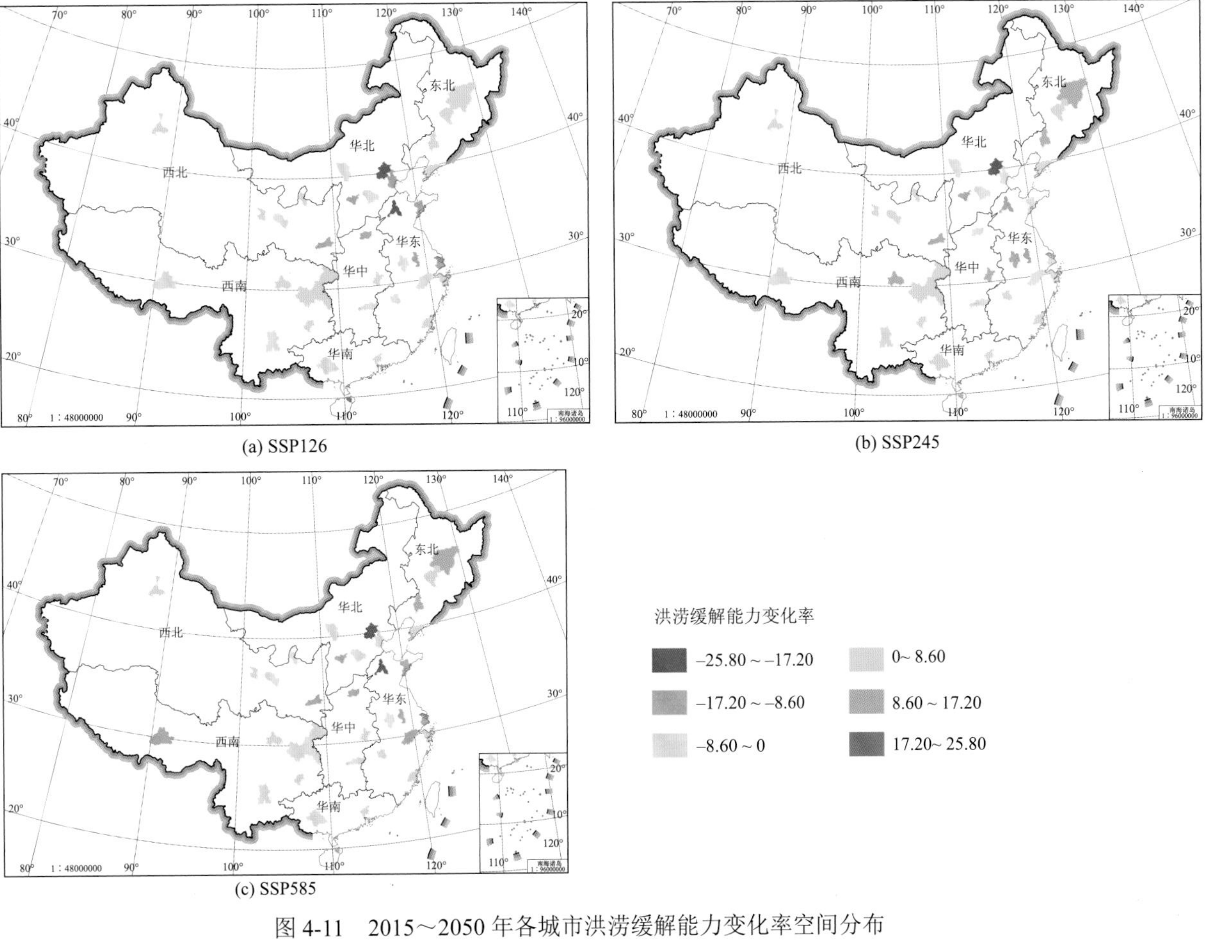

图 4-11　2015～2050 年各城市洪涝缓解能力变化率空间分布

港澳台数据暂缺

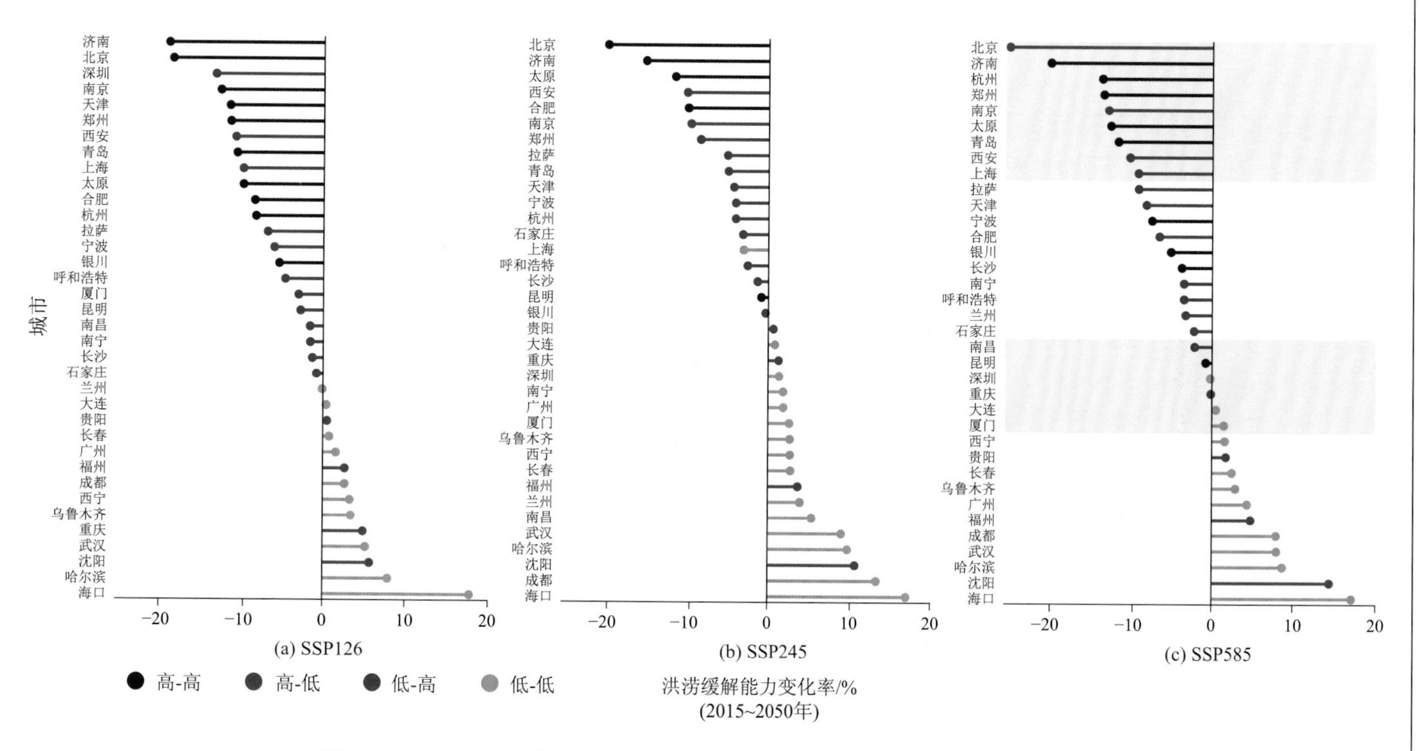

图 4-12　2015～2050 年不同类型城市的洪涝缓解能力变化率排序

从情景间的比较上看，在 SSP245 情景下，洪涝缓解能力提升的城市数量最多；而 SSP585 情景下，洪涝缓解能力降低的城市数量最多。此外，部分城市的洪涝缓解能力在不同情景间出现了相反的变化趋势。例如，厦门市在 SSP245 和 SSP585 情景下的洪涝缓解能力均出现了提升，而在 SSP126 情景下却降低了 2.9%。南昌、兰州、南宁在 SSP125 和 SSP585 情景下洪涝缓解能力都是降低趋势，但在 SSP245 情景下分别提升了 5.4%、4%、1.9%。因此，不同的城市应根据各自的特点，选择适合的未来发展路径。

4.4.4.3　不同类型城市的洪涝缓解能力变化率

不同类型城市的洪涝缓解能力变化率排序如图 4-12 所示，不同颜色代表 4.4.3 节中所划分的城市类型，同一类型城市的洪涝缓解能力变化率按照升序排列。

低-高类型和高-高类型城市在所有情景中的洪涝缓解能力变化率均呈现降低趋势，即在极端降水量升高的情况下，城市的洪涝缓解能力势必会降低。

在高-低类型中，不同城市的洪涝缓解能力变化趋势存在差异。在城市扩张规模较大的情况下，贵阳、福州、沈阳、重庆等城市由于极端降水强度的降低，其城市洪涝缓解能力仍得到了提高，进一步表明极端降雨对洪涝缓解能力变化的影响较大。

低-低类型的城市在 SSP126 和 SSP585 情景下的洪涝缓解能力均有所提高，尤其是在海口、沈阳、哈尔滨，洪涝缓解能力提升幅度均超过 7%。在 SSP245 情景下，除上海外，所有低-低城市的洪涝缓解能力均呈现升高趋势。在未来极端降水强度降低、城市扩张规模较小的情况下，上海的洪涝缓解能力仍然在降低。表明在按照历史趋势发展路径下，上海的城市发展格局还需要得到进一步优化。

因此，极端降水强度的未来变化趋势是影响城市洪涝缓解能力的主要因素，并且未来城市扩张的影响程度小于极端降雨的影响。

4.5　本 章 小 结

本章通过综合 FUTURES 城市扩张模拟模型和 UFRM 城市洪涝缓解能力评估模型，以全国 36 个主要城市作为研究对象，在不同 SSP 情景下，探讨未来城市扩张和极端降水强度变化对城市洪涝缓解能力的影响，主要研究结果如下。

(1) 未来城市面积整体增长率约为 30%，耕地、林地是被侵占的主要土地利用/覆盖类型，二者面积分别减少约 5%。

(2) 未来城市扩张较多的城市主要位于华北地区和华东地区，如北京、济南、杭州等。而扩张规模较小的城市主要分布在东北地区、西北地区、华南地区，如哈尔滨、兰州、深圳等。

(3) 未来极端降水强度在整体上呈现降低趋势，在 RCP245 和 RCP585 情景下，极端降水强度分别降低了 5.37%和 2.33%，仅 RCP126 情景下略微增加了 0.40%。

(4) 未来极端降水强度增大的城市主要位于华北地区、西南地区、华东地区，如济南、郑州、杭州、昆明等。极端降水强度降低的城市主要分布在东北地区、西北地区和华南地区，如哈尔滨、兰州、广州、海口等。

(5) 总体上看，SSP585 情景下洪涝缓解能力的降低幅度最大，为–2.71%，SSP126 情景下洪涝缓解能力降低了 2.12%，仅 SSP245 情景下未来洪涝缓解能力提高了 0.16%。

(6) 未来洪涝缓解能力降低的城市主要分布在华北地区、西南地区，以及华东地区；而洪涝缓解能力提升的城市则主要分布在东北地区、西北地区、华南地区。

综合以上结果，未来中国华北地区和华东地区城市的洪涝缓解能力降低幅度最大。主要是由于在全球气候变暖的影响下，华北地区和华东地区是中国极端降水强度增加的主要区域(程雪蓉等, 2016; 唐明秀等, 2022)。另外，这两个地区分布着京津冀和长三角两大城市群，是中国人口、经济的高密度聚集区域。随着现代化建设的推进，未来城市群的规模也将持续扩张，城市群周边自然表面将会大量转换为建设用地。因此，对于这两个地区的城市，其未来扩张过程中需要注意对城市扩张规模进行约束，尽量减少城市不透水面的产生。在新的城市建设过程中，应该采用低影响开发(LID)、海绵城市等新理念，构建健康可持续的城市水生态过程。

东北地区、西北地区、华南地区城市的洪涝缓解能力均有所提升，其主要原因是这些地区的未来极端降水强度均为降低趋势。在城市扩张方面，东北地区、西北地区近年来人口外流趋势加剧，导致未来城市扩张驱动力不足。华南地区虽然分布着珠三角城市群，但由于深圳、广州等核心城市规模已经接近饱和，因此未来城市扩张规模较小。对于这些地区的城市，通过采取城市更新、基于自然的解决方案(NbS)等措施，优化城市洪涝缓解能力的供需关系格局，并进一步提升其在不同城市人群间空间分布的公平性。

5 珠三角城市群未来土地利用格局对极端暴雨洪涝缓解能力的影响

5.1 研究背景

全球范围内，洪涝灾害是最普遍、对人们生计造成主要威胁的自然灾害之一，影响着全世界的发展前景(Rentschler et al., 2022)。在近几十年所有的自然灾害中，洪涝灾害造成了全球最大的保险损失(Aerts et al., 2018)，而中国则是全球经济价值的洪涝风险暴露度最大的国家(Rentschler et al., 2022)。随着气候变化和城市扩张，城市极端气候事件发生的频率和强度不断增加，暴雨引发的城市洪涝灾害逐渐频繁(Miller et al., 2008)，成为制约城市发展的重要因子(张冬冬等, 2014)。城市洪涝问题已经成为城市可持续发展过程中的巨大挑战，是中国城市化过程中面临的重大问题(吴健生和张朴华, 2017)。全球气候变暖和人类活动影响水循环要素的时空分布特征，增加了极端水文事件发生的概率，使得城市暴雨洪涝问题日益增多(张建云等, 2014)。同时 21 世纪以来，土地利用/覆盖变化也被认为是洪涝灾害频发的重要原因之一(Camorani et al., 2005)，快速的城市化改变了原有的景观结构和水文过程，影响着洪涝灾害的致灾过程(彭建等, 2018)，建设用地面积增加、生态用地面积减少等土地利用结构与景观格局的变化也被认为是城市洪涝灾害日益严重的主要原因(袁艺等, 2003)。

近年来，我国耕地和生态用地的保护政策相继出台，其中 2014 年国家发展和改革委员会等四部委联合下发《关于开展市县“多规合一”试点工作的通知》，提出划定城市开发边界、永久基本农田红线和生态保护红线，形成合理的城镇、农业、生态空间布局。2016 年中共中央办公厅、国务院印发《省级空间规划试点方案》，提出以主体功能区规划为基础，摸清并分析国土空间本底条件，划定“三区三线”。2020 年中共中央发布“十四五”规划，明确提出划定落实生态保护红线、永久基本农业、城市开发边界及各类海域保护线，完善生态安全屏障体系、构建自然保护地体系。由此可见，协调城市发展和耕地、生态保护之间的关系，不仅影响土地利用结构和景观格局的变化，也是当前政策的关注方向，对耕地和生态用地采取何种保护策略，是城市发展需要考虑的问题。

珠三角是我国开放程度最高、经济活力最强的地区之一，在国家发展大局中具有重要战略地位，然而由于城市快速扩张等影响，珠三角地区近20年来逢雨必涝，城市暴雨洪涝灾害已经成为珠三角地区最突出的水患(胡鑫伟等, 2021)。在2019年中共中央、国务院印发的《粤港澳大湾区发展规划纲要》中明确指出要强化城市内部排水系统和蓄水能力建设，以及各大城市的防洪排涝体系，有效解决城市洪涝问题(新华社, 2019)。2021年国务院办公厅印发的《关于加强城市洪涝治理的实施意见》中明确要建设海绵城市、韧性城市，因地制宜、因城施策，提升城市防洪排涝能力，用统筹的方式、系统的方法解决城市洪涝问题。一方面，珠三角城市群不断推进生态文明建设，实行严格的生态环境保护制度，旨在建设美丽湾区。对耕地和生态用地的保护策略的差异将会形成不同的景观格局，进而影响城市洪涝缓解能力及其空间分布。另一方面，作为各资源要素流动和人口流动处于国际高水平地区之列的城市群，珠三角地区的发展可能遵循不同的共享社会经济路径，其城市发展建设规模和分布存在差异。因此，预测在不同的共享社会经济路径和城市环境保护政策情景下发生极端降水事件时的城市洪涝风险的大小、分布和时空变化，对珠三角城市群的发展路径的把握、保护政策的制定及城市防洪规划具有重要意义。

本章以珠三角城市群作为研究区，通过耦合土地利用变化模拟模型PLUS和城市洪涝缓解能力评估模型UFRM，在不同的SSP-RCP情景及政策策略下评估研究区未来土地利用变化发展情景，以及以百年一遇为代表的极端暴雨情况下的洪涝缓解能力。5.2将介绍研究区概况与研究数据，5.3节介绍研究方法，5.4节介绍研究结果，5.5节介绍研究结论。

5.2 研究区概况与研究数据

5.2.1 研究区概况

本章以珠三角地区为研究区，如图5-1所示。珠三角地区(21°25′N～24°30′N，111°12′E～115°35′E)位于中国华南地区，总面积5.5万km^2，行政区划范围包括广东省九个地级市，分别为广州市、深圳市、中山市、珠海市、东莞市、佛山市、江门市、惠州市、肇庆市。珠三角与香港特别行政区、澳门特别行政区组成的粤港澳大湾区是世界四大湾区之一的世界级城市群。

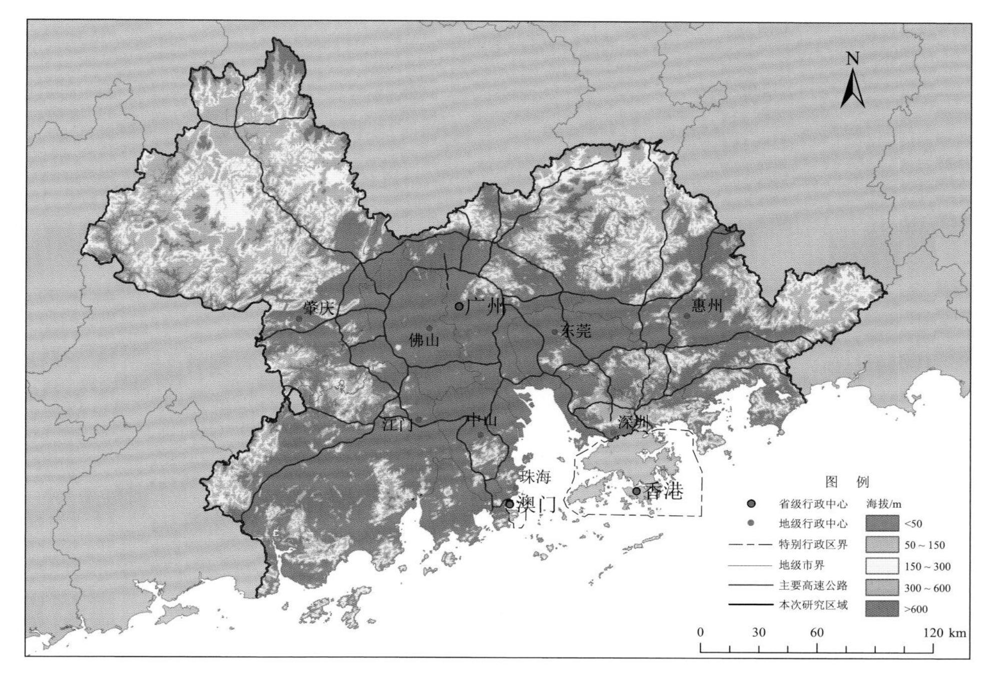

图 5-1　珠三角城市群地理区位图

珠三角地区区位优势明显，地处我国沿海开放前沿，以泛珠三角区域为广阔发展腹地，在“一带一路”建设中具有重要地位。该地区经济实力雄厚，经济发展水平全国领先，产业体系完备，集群优势明显，经济互补性强，已初步形成以战略性新兴产业为先导、先进制造业和现代服务业为主体的产业结构。该地区交通条件便利，毗邻香港和澳门地区，拥有吞吐量位居世界前列的广州、深圳等重要港口，以及香港、广州、深圳等具有国际影响力的航空枢纽，并且正在加速形成便捷高效的现代综合交通运输体系。作为粤港澳大湾区的组成部分，珠三角参与形成了极点带动、轴带支撑的网络化空间格局并起到了带动周边地区加快发展的辐射引领功能。

珠三角地区位于低纬度地区，属于典型的亚热带季风气候，是全国光、热和水资源较丰富的地区，雨热同季，夏季炎热多雨，冬季温和少雨，南面临海，海岸线绵长。珠三角地区是灾害多发的地区，主要灾害有暴雨洪涝、热带气旋、强对流天气等。大多数情况下认为珠三角地区的前汛期为每年 4～6 月，有降雨集中、暴雨强度大、持续时间长等特点，极易造成洪涝灾害；后汛期为每年 7～10 月，该时期的暴雨主要受台风、热带辐合带等热带天气系统影响，台风登陆地区通常会迎来强烈降雨，容易形成暴雨洪涝灾害(陈易偲, 2021)。

2008 年深圳“6・13”洪涝事件造成多人死亡，直接经济损失十几亿元(陈筱云, 2013)。2014 年，深圳遭遇 2008 年以来最强暴雨，造成 150 处道路积水，2000 多辆车被淹，直接经济损失约 8000 万元(彭建等, 2018)。2018 年，广东省出现大雨到暴雨、局部大暴雨，导致珠三角、粤西和汕尾等地 23 个水库超汛限，造成 193.2 万人受灾，直接经济损失 63.8 亿元(中国应急信息网)。2020 年广东全省 21 个地市发生不同程度洪涝灾害，其中惠州因洪涝直接经济损失 19.65 亿元(《广东省 2020 年水旱灾害公报》)。珠三角城市洪涝频发，因此有必要对该城市群的未来洪涝缓解能力进行评估和分析，为城市暴雨洪涝灾害的防治工作提供科学指导。

5.2.2　数据来源及预处理

本章使用的数据主要包括两部分，即土地利用变化模拟部分与城市洪涝缓解能力评估部分，表 5-1 给出数据类型、数据项、空间分辨率以及数据来源等信息。

土地利用变化模拟模型所需的数据包括历史土地利用数据、土地利用变化驱动因子数据以及用于政策约束的划定数据。土地利用变化数据来自中国科学院资源环境科学与数据中心提供的 30m 分辨率土地利用遥感检测数据集，并将其划分为耕地、林地、草地、水域、建设用地和未利用土地六种类型。土地利用变化驱动因子数据包括 DEM 数据、分级河流数据、GDP 空间分布数据、人口密度空间分布数据、路网数据、火车站分布数据等，其中人口密度空间分布数据和 GDP 空间分布数据来自 Chen 等(2020)发布的 SSP 情景下的未来人口及公里级分布数据集、姜彤等(2022)发布的 SSP 情景下的人口和 Murakami 等(2021)发布的 SSP 情景下 GDP 预测数据集，他们提供了不同 SSP 情景下未来人口密度分布和 GDP 分布的预估。用于政策约束的划定数据包括自然保护区数据、净初级生产力数据、植被覆盖率数据，以及广东省生态环境厅发布的环境管控单元图中对保护区开发区的划分。以上数据都通过投影、插值或重采样处理至 30m 分辨率，与土地利用数据对齐。

城市洪涝缓解能力评估模型的输入数据有水文土壤组分布数据、不同重现期降水量公式以及 CN 值表。水文土壤组数据来自美国橡树岭国家实验室生物地球化学动力学分布式活动存档中心公布的全球水文组分布数据集(Ross et al., 2018)。不同重现期降水量数据与 CN 值表通过查阅相关资料和文献获取。

表 5-1 数据项及数据来源

项目	数据类型	数据项	空间分辨率	时间范围	数据来源
土地利用模拟模型	土地利用	土地利用	30m	1990～2015 年	中国科学院资源环境科学与数据中心
	行政边界	中国地市行政边界数据	矢量	2015 年	
	自然要素	高程	30m		地理空间数据云
		坡度	30m		
		河流	矢量		中国科学院资源环境科学与数据中心
	人类活动	GDP	1km	2013 年	(Murakami et al., 2021)
		人口密度	1km	2010～2100 年	(Chen et al., 2020)
		路网	矢量		Open Street Map
		火车站	矢量		Open Street Map
	政策约束	保护区、开发区	矢量		《广东省环境管控单元图(2020-2025)》
		全国自然保护区数据	矢量		中国科学院资源环境科学与数据中心
		净初级生产力数据	1km	2015 年	全球变化科学研究数据出版系统
		植被覆盖率数据	1km	2018 年	美国马里兰大学 GLASS 下载
洪涝缓解能力评估模型	雨量设计	不同重现期降水量			珠三角各市暴雨强度公式及计算图表
	土壤水文特性	CN 值表			(Hong and Adler, 2008)
		水文土壤组	250m		美国橡树岭国家实验室生物地球化学动力学分布式活动存档中心

注：部分数据中心的网址如下：中国科学院资源环境科学与数据中心（https://www.resdc.cn/）、地理空间数据云（https://www.gscloud.cn/）、Open Street Map（https://download.geofabrik.de）、广东省环境管控单元图(http://gdee.gd.gov.cn/shbtwj/content/post_3166580.html)、全球变化科学研究数据出版系统(http://geodoi.ac.cn/WebCn/Default.aspx)、美国马里兰大学 GLASS 下载(http://www.glass.umd.edu/index.html)、美国橡树岭国家实验室生物地球化学动力学分布式活动存档中心(https://daac.ornl.gov/)。

5.3 研究方法

5.3.1 技术路线

技术路线图如图 5-2 所示，主要包含未来情景下土地利用的预测和城市洪涝风险缓解能力的评估两部分。鉴于需要得到未来长三角城市群土地利用格局，故本章采用可以模拟多种土地利用类型变化的、适用于大区域的 PLUS 模型，即用 PLUS 模型进行不同的未来情景及耕地和生态用地保护策略组合下的土地利用的预测，输入数据包括历史土地利用数据、土地利用变化的约束数据和不同 SSP 情景下的城市扩张的驱动因子。其中，城市扩张驱动因子和历史土地利用数据用于各土地利用类型发展概率的计算，土地利用变化的约束数据用于未来情景下的不同政策策略的设定，通过设置不同的更改斑块形态的参数，进行最佳参数的设定。在 PLUS 模型中，通过设置不同的城市限制发展地区，进行对于不同的耕地和生态用地的保护策略的模拟，与 SSP 情景构成不同的发展情景组合，进而预测出未来各组合情景下土地利用变化情况。使用 SCS-CN 法进行城市洪涝缓解能力评估，输入数据包括极端降水量 P、水文土壤组及 CN 值表，并结合土地利用预测结果，计算地表产流 Q 和洪涝缓解系数 R。最终本章将综合上述结果，分析不同 SSP 情景、不同政策策略下，珠三角地区城市洪涝缓解能力的时空格局，并相应地给出发展建议以供参考。

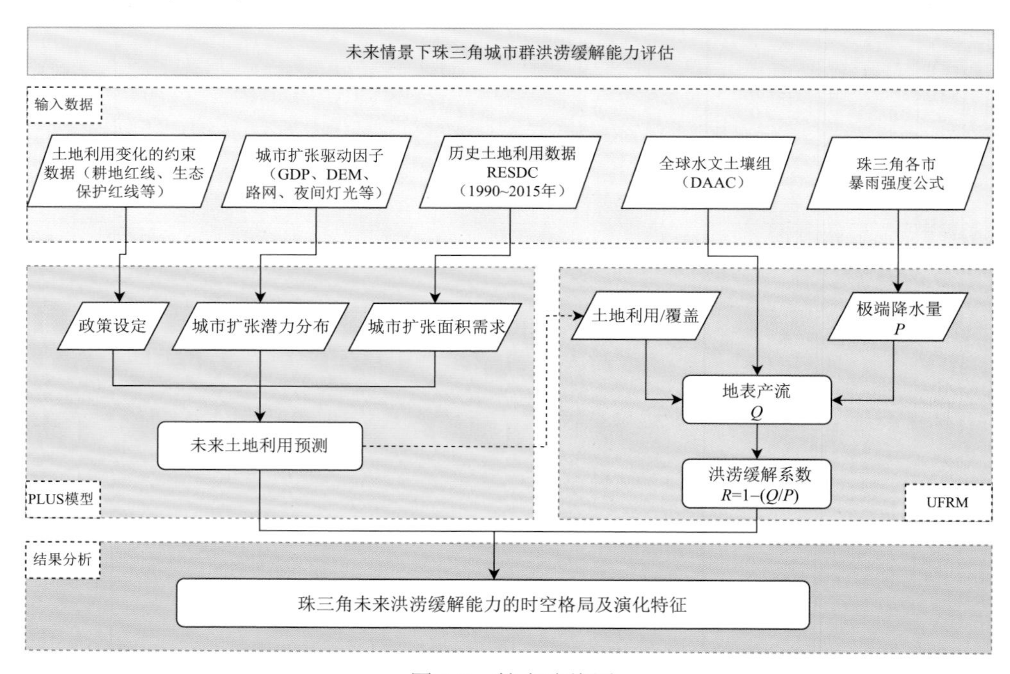

图 5-2　技术路线图

5.3.2　土地覆盖变化模拟

本章使用 PLUS 模型模拟珠三角地区未来的土地利用变化。该模型由中国地质大学(武汉)地理与信息工程学院和国家地理信息系统工程技术研究中心的高性能空间计算智能实验室(HPSCIL)所开发，它是一个基于栅格数据的、可用于斑块尺度上进行土地利用变化模拟的 CA 模型。PLUS 模型包含两个模块：一是基于 LEAS 的规则挖掘框架；二是基于 CARS 的 CA 模型。此外，多目标规划(MOP)

用于确定不同情景下的最佳土地利用结构。PLUS 模型应用的 LEAS 可以更好地挖掘各类土地利用变化的诱因；它包含的多类种子生长机制可以更好地模拟多类土地利用斑块级的变化；并且与多目标优化算法耦合，模拟结果可以更好地支持规划政策以实现可持续发展。

本章考虑到了有关自然因素、社会经济因素及交通可达性因素等 8 个影响土地利用变化的驱动因素，分别为高程、坡度、距河流距离、人口密度分布、GDP 空间分布、距城市距离、距火车站距离、距道路距离。在模拟前，首先对模型进行验证校准，模拟 1990～2015 年珠三角地区的土地利用变化情况，并与 2015 年实际情况进行比对。然后用校准得到的参数组合模拟 2015～2035 年、2035～2050 年的土地利用情况。

5.3.2.1 土地需求的计算

在最新发布的 PLUS 模型中，集成了两种土地需求预测的方法，分别为线性回归预测与马尔可夫链预测。分别使用两种土地需求的计算方法进行 2035 年和 2050 年的人口预测，结果如表 5-2 和表 5-3 所示(采用了更为合理的马尔可夫链模型的预测结果)。

表 5-2 马尔可夫链预测结果 (单位：栅格个数)

类型	耕地	林地	草地	水域	建设用地	未利用土地
2015 年	13825975	32622815	1059610	4281064	8263618	10308
2035 年	13115240	31952980	1069852	4065556	9854951	4802
2050 年	12631345	31465872	1075248	3919255	10968803	2866

表 5-3 线性回归预测结果 (单位：栅格个数)

类型	耕地	林地	草地	水域	建设用地	未利用土地
2015 年	13825975	32622815	1059610	4281064	8263618	10308
2035 年	10109856	31712048	881648	4513366	12916704	-19950
2050 年	7662880	30988600	759998	4585179	16156000	-40632

5.3.2.2 PLUS 模型 LEAS 模块参数设置

PLUS 模型使用 LEAS 计算各类用地的发展概率及驱动因素对该时段各类用地扩张的贡献，该策略融合了已有的 TAS 和 PAS 的优势，避免了对随着类别数量指数增长的转化类型进行分析；而且保留了模型在一定时段分析土地利用变化机理的能力，具有更好的解释性。该策略提取两期土地利用变化间各类用地扩张的部分。并从增加部分中采样，采用 RF 算法对各类土地利用扩张和驱动力因素进行挖掘，获取各类用地扩张的贡献(图 5-3)。

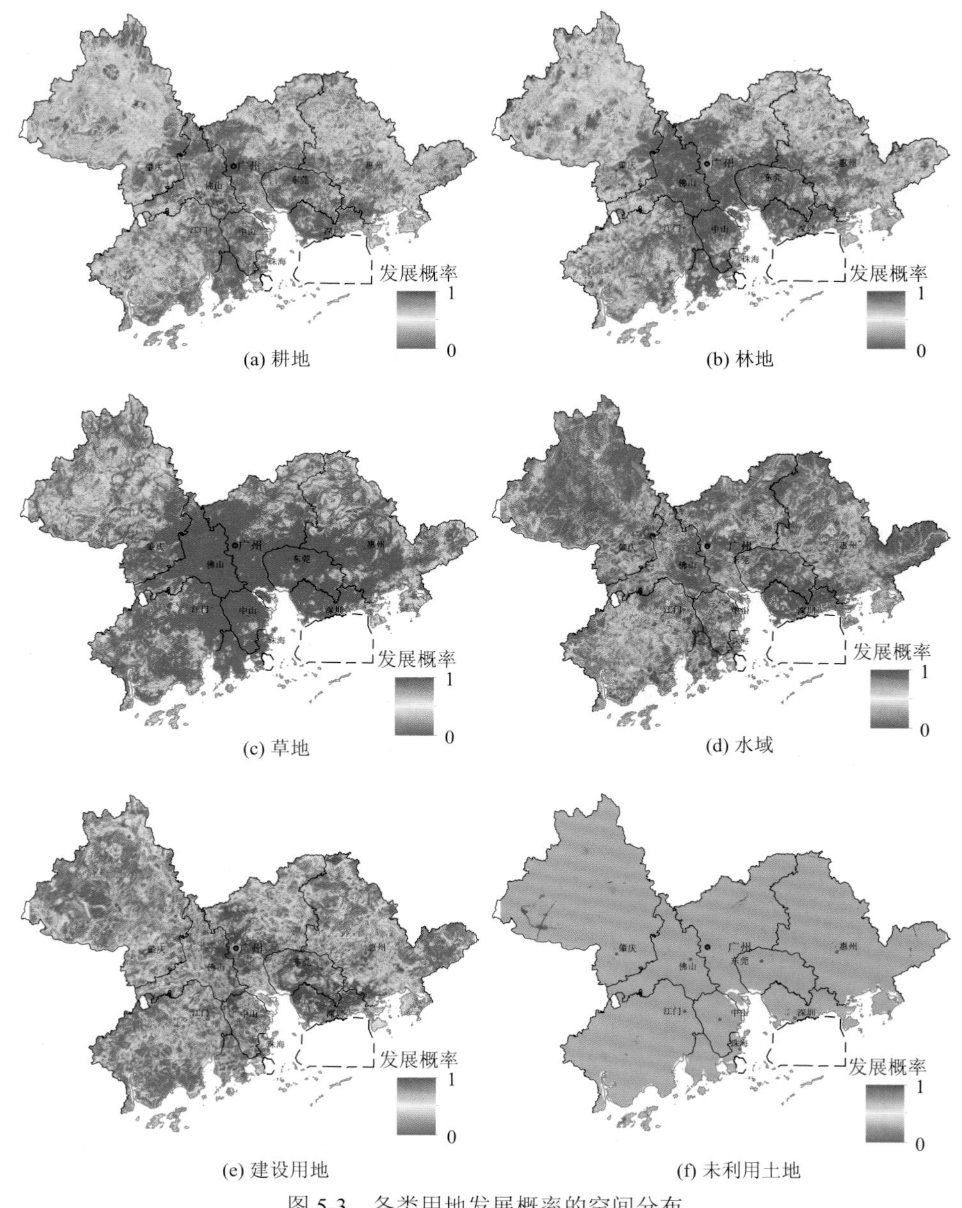

(a) 耕地　(b) 林地　(c) 草地　(d) 水域　(e) 建设用地　(f) 未利用土地

图 5-3　各类用地发展概率的空间分布

研究中选择 SSP126、SSP245、SSP585 三种具有显著差异的共享社会经济发展路径，作为未来土地利用变化的模拟情景。8 个用地扩张的驱动因子中，GDP 空间分布和人口密度分布作为区分三个情景的图层。

在计算各类用地扩张贡献的阶段，需要设置的参数包括采样方式、采样率、决策树的数目、训练 RF 的特征个数。本章设置使用随机抽样方法，选了 5%的样本单元，这些样本单元作为 RF 分类器的输入，每个树分类的 8 个预测变量和 50 棵树被用于构建最终的 RF 分类模型，然后计算每个土地利用类型的生长概率图(Liang et al., 2021)。

5.3.2.3　PLUS 模型 CARS 模块参数设置

PLUS 模型使用基于 CARS 的 CA 模型来进行土地利用变化过程的模拟，该模型是一个情景驱动的土地利用变化模拟模型，它综合了“自上而下”的土地需求和“自下而上”的土地利用竞争过程。

土地利用变化是一个复杂的过程，往往受政府相关政策、经济发展、土地利用总体规划以及生态与基本农田的保护策略等多种因素影响。PLUS 模型的 CARS 模块支持对指定区域所有类型的土地变更加以限制，以考虑规划政策对土地利用变化的影响。研究中设置了无约束策略、适当约束策略、严格约束策略，用以研究耕地和生态用地保护政策对未来土地利用的空间格局变化的影响，每种情景具体设置如表 5-4 所示。

表 5-4　发展策略设置

策略类型	策略	限制发展区
无约束	不考虑对耕地和生态用地的保护	无
适当约束	对耕地和生态用地进行适当保护	永久基本农田、生态保护红线
严格约束	对耕地和生态用地进行严格保护	耕地、生态保护红线、高覆盖林地、自然保护区

其中，无约束策略为不考虑珠三角城市群对农田和生态用地保护政策而进行城市开发地区的限制，不设置限制发展区域进行土地利用变化的模拟。适当约束策略为考虑城市对耕地和生态用地的适当保护政策，适当控制建设用地对耕地及生态用地的侵占，减少城市发展过程中耕地和生态用地的快速流失，设置永久基本农田及生态保护红线作为限制发展地区[图 5-4(a)]，在适当约束策略下进行土地利用变化的模拟。严格约束策略为考虑城市对耕地和生态用地的严格保护政策，实行严格的耕地与生态用地的保护政策，严禁城市发展过程中耕地和生态用地的流失，设置耕地、生态保护红线、高覆盖林地及自然保护区为限制发展地区[图 5-4(b)]，在严格约束策略下进行土地利用变化的模拟。其中，高覆盖林地由

植被覆盖率(FVC)数据制备得到，永久基本农田由各市区统计年鉴发布的永久基本农田统计数据以及净初级生产力(NPP)数据得到，生态保护红线依据广东省生态环境厅发布的广东省环境管控单元图中的优先保护单元区域的划定得到(图 5-5)。

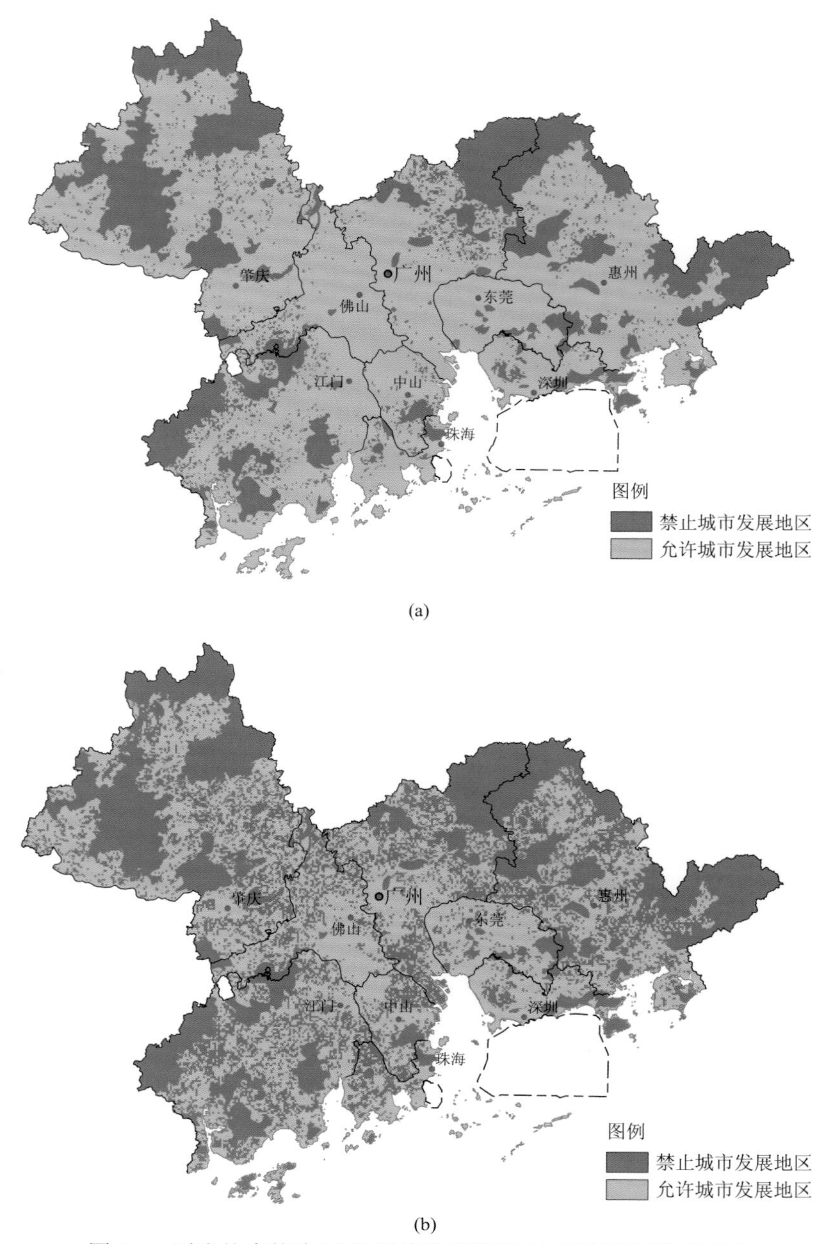

图 5-4　适当约束策略(a)和严格约束策略(b)下的限制发展区域

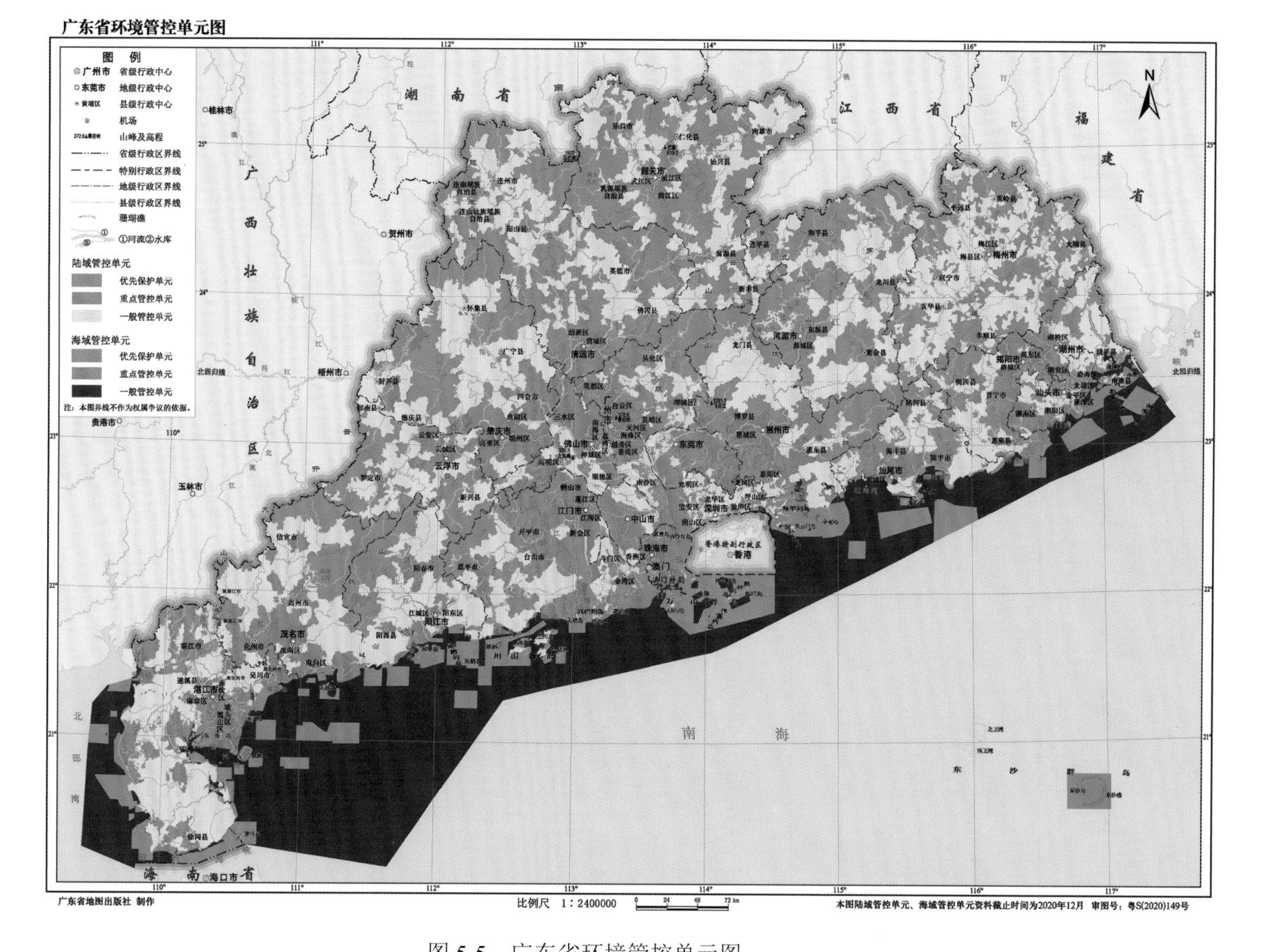

图 5-5 广东省环境管控单元图

2022 年 12 月，http://gdee.gd.gov.cn/shbtwj/content/post_3166580.html

在 CARS 模块，模拟参数包括土地需求、转换矩阵和邻域权重。其中本章设置的转换矩阵如表 5-5 所示，矩阵的列表示当前土地利用类型，行表示未来土地利用类型，值 1 表示允许转换，值 0 表示不能转换。邻域权重的设置则采用各土地利用类型的扩张面积占总扩张面积的比例来确定。

表 5-5　各土地利用类型转换矩阵

土地利用类型	耕地	林地	草地	水域	建设用地	未利用土地
耕地	1	1	1	1	1	0
林地	1	1	1	1	1	0
草地	1	1	1	1	1	0
水域	1	1	1	1	1	0
建设用地	1	1	1	1	1	0
未利用土地	1	1	1	1	1	1

CARS 模块用于调控斑块形态的参数分别为斑块生成阈值(patch generation threshold)、扩张系数(expansion coefficient)及种子比例(percentage of seeds)。其中，斑块生成阈值是生成新斑块的衰减阈值，较高的衰减阈值意味着更保守的转换策略；扩张系数是调整模型生成新土地利用斑块能力的参数，较高的扩张系数意味着生成新斑块的能力更高；种子比例是生成新种子数量的最大阈值，较高的种子比例意味着较分散的土地利用模式。参数调试的部分结果如表 5-6 所示，结合模型模拟精度和运算效率，选择了斑块生成阈值取 0.7、扩张系数取 0.6、种子比例取 0.01 的参数组合，在该参数组合下，1990～2015 年的土地利用变化模拟的 Kappa 系数为 0.781349、FoM 值为 0.235074，2015 年实际土地利用格局和模拟结果如图 5-6 所示。

表 5-6　参数调试结果(截取部分)

斑块生长阈值	扩张系数	种子比例	Kappa 系数	FoM 值
0.5	0.8	0.00008	0.733658	0.183859
0.5	0.1	0.0001	0.734035	0.183707
0.5	0.3	0.001	0.75179	0.199134
0.5	0.5	0.01	0.755062	0.187527
0.5	0.6	0.01	0.755144	0.18725
0.5	0.6	0.1	0.753316	0.184639
0.5	0.7	0.1	0.753202	0.184121
0.3	0.6	0.01	0.744485	0.17449
0.7	0.6	0.01	0.781349	0.235074
0.8	0.6	0.01	0.804561	0.285033
0.9	0.6	0.01	0.819084	0.320559

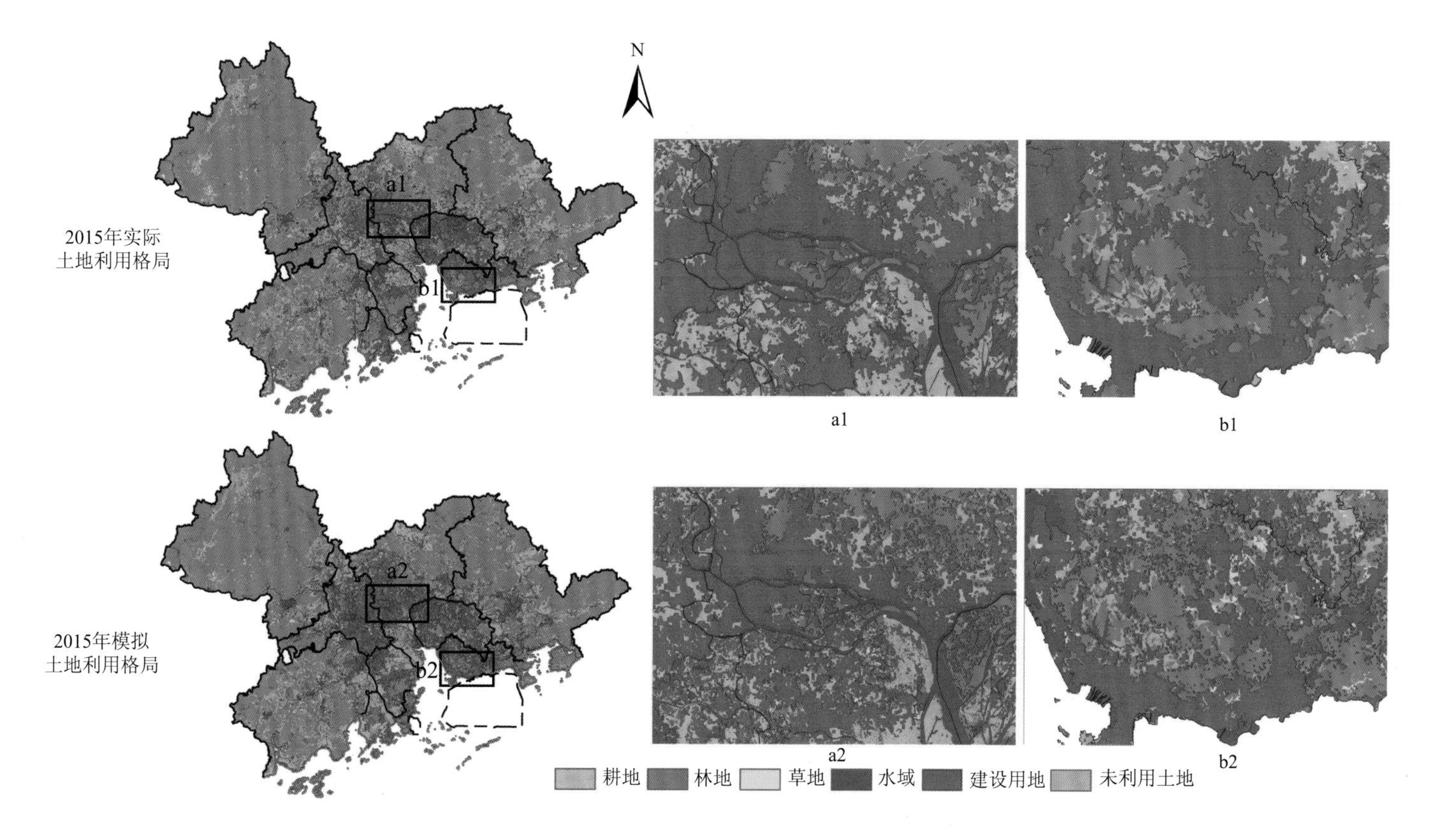

图 5-6　2015 年实际土地利用格局和模拟结果

5.3.3 暴雨洪涝缓解能力评估

5.3.3.1 水文土壤组分布

水文土壤组是 SCS-CN 法所需的重要输入，它描述了产流潜力的大小，将土壤划分为 A、B、C、D 四类，A 组表示该组土壤在完全湿润时具有低径流能力，D 组表示该组土壤在完全湿润时具有高径流能力。本章使用美国橡树岭国家实验室提供的基于径流模型描述 CN 的全球水文土壤组(HYSOGs50m)数据，珠三角城市群水文土壤组分布如图 5-7 所示。

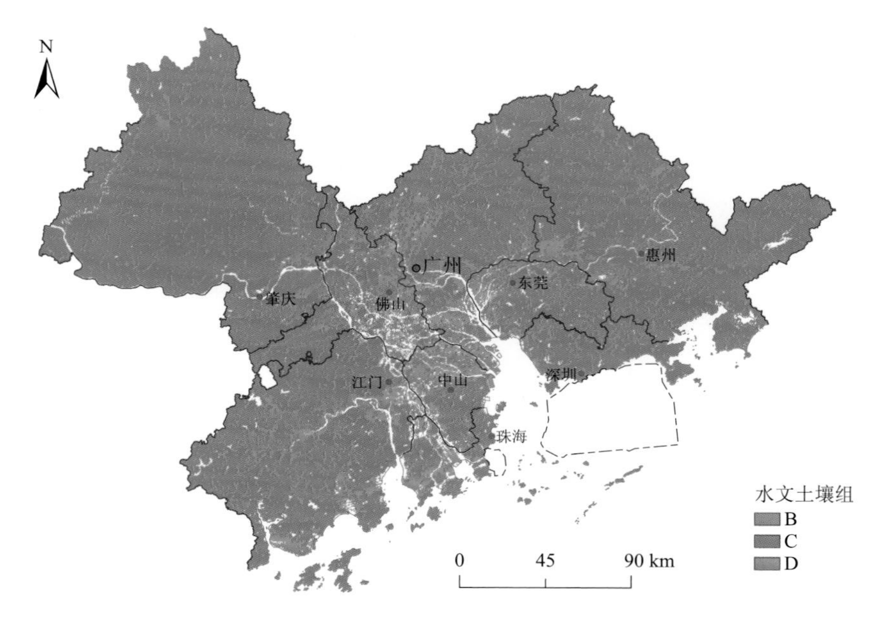

图 5-7 珠三角城市群水文土壤组分布

5.3.3.2 径流曲线数

CN 是一个反映降雨前流域下垫面特征的综合参数，是 SCS-CN 模型中重要的无量纲参数，它综合了前期土壤湿度、土壤类型、土地利用、坡度等影响水文过程的多个因子(符素华等，2012)，其大小是对降雨事件径流深度的量化(Kadaverugu et al., 2021)。研究区 CN 曲线的确定是基于 Hong 和 Adler(2008)发布的相关查找表，该查找表由美国农业部手册和美国国家工程手册标准修改而来(Hong and Adler, 2008; Zeng et al., 2017)，在一般条件下，不同的水文土壤组和土地利用类型的 CN 如表 5-7 所示。

表 5-7 珠三角城市群 CN(Hong and Adler, 2008)

土地利用类型	水文土壤组			
	A	B	C	D
耕地	67	78	85	89
林地	38	62	75	81
草地	49	69	79	84
水域	100	100	100	100
建设用地	80	85	90	95
未利用土地	72	82	83	87

5.3.3.3 极端降水量设计值

本章收集了研究区各市水务局、气象局发布的暴雨强度公式以获取研究区各市不同重现期的设计降水量。如表 5-8 所示，各市的暴雨强度计算公式均为 2010～2020 年颁布，部分市区提供了各重现期的暴雨强度公式，少部分市区(中山、惠州、肇庆)则通过全市暴雨强度总公式代入得到不同重现期的最大降水量。考虑到 UFRM 特点，不同重现期降水量的结果之间，其洪涝缓解能力的变化趋势相同，因此本章选取百年一遇的 1h 降水量作为一次极端降雨过程的水量设计值。

表 5-8 珠三角各市不同重现期最大 1h 降水量 (单位：mm)

降雨频率	广州	深圳	珠海	中山	东莞	佛山	惠州	肇庆	江门
2 年一遇	63.40845	53.71262	59.36821	62.77382	62.22464	61.07661	61.27767	54.64246	53.11608
5 年一遇	75.47695	67.95573	85.42633	72.55739	78.03657	73.54909	70.71403	64.12516	64.77507
10 年一遇	85.03806	78.02172	98.49223	79.95838	86.7805	83.62943	77.85236	71.29855	72.27716
20 年一遇	94.88514	79.57508	112.5731	87.35937	96.16627	87.3858	84.99069	78.47193	78.07716
50 年一遇	106.232	95.92183	128.7454	97.14294	106.7789	106.7071	94.42706	87.95463	85.35431
100 年一遇	113.5844	103.7294	141.1072	104.5439	112.8458	106.4751	101.5654	95.12802	90.35427

5.4 研究结果

5.4.1 珠三角城市群土地利用变化模拟

使用 1990～2015 年验证后的 PLUS 模型进行珠三角城市群 2035 年和 2050 年未来土地利用变化模拟，模拟结果分别如图 5-8 和图 5-9 所示。将 2050 年土地

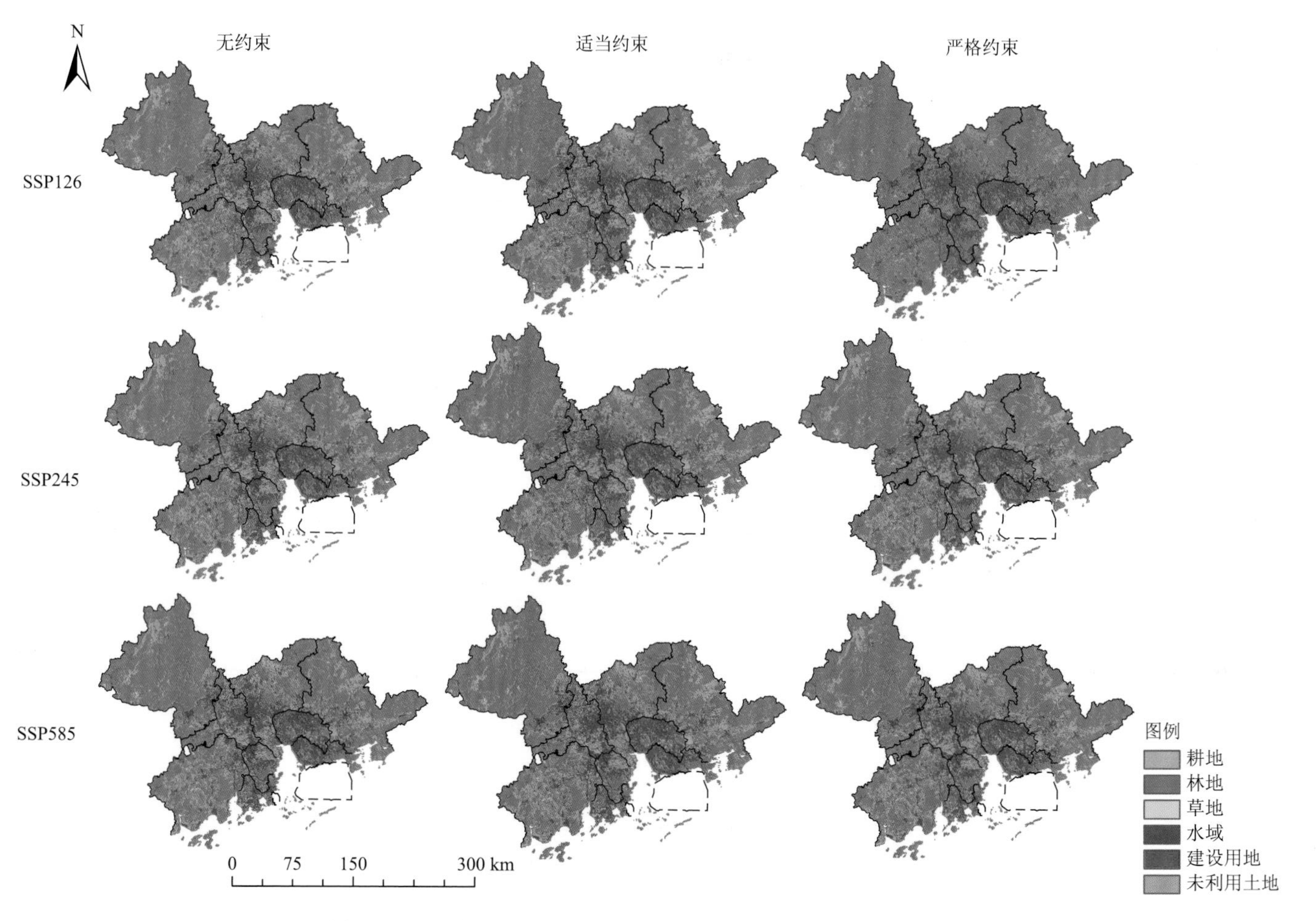

图 5-8　不同情景下 2035 年珠三角城市群土地利用变化模拟

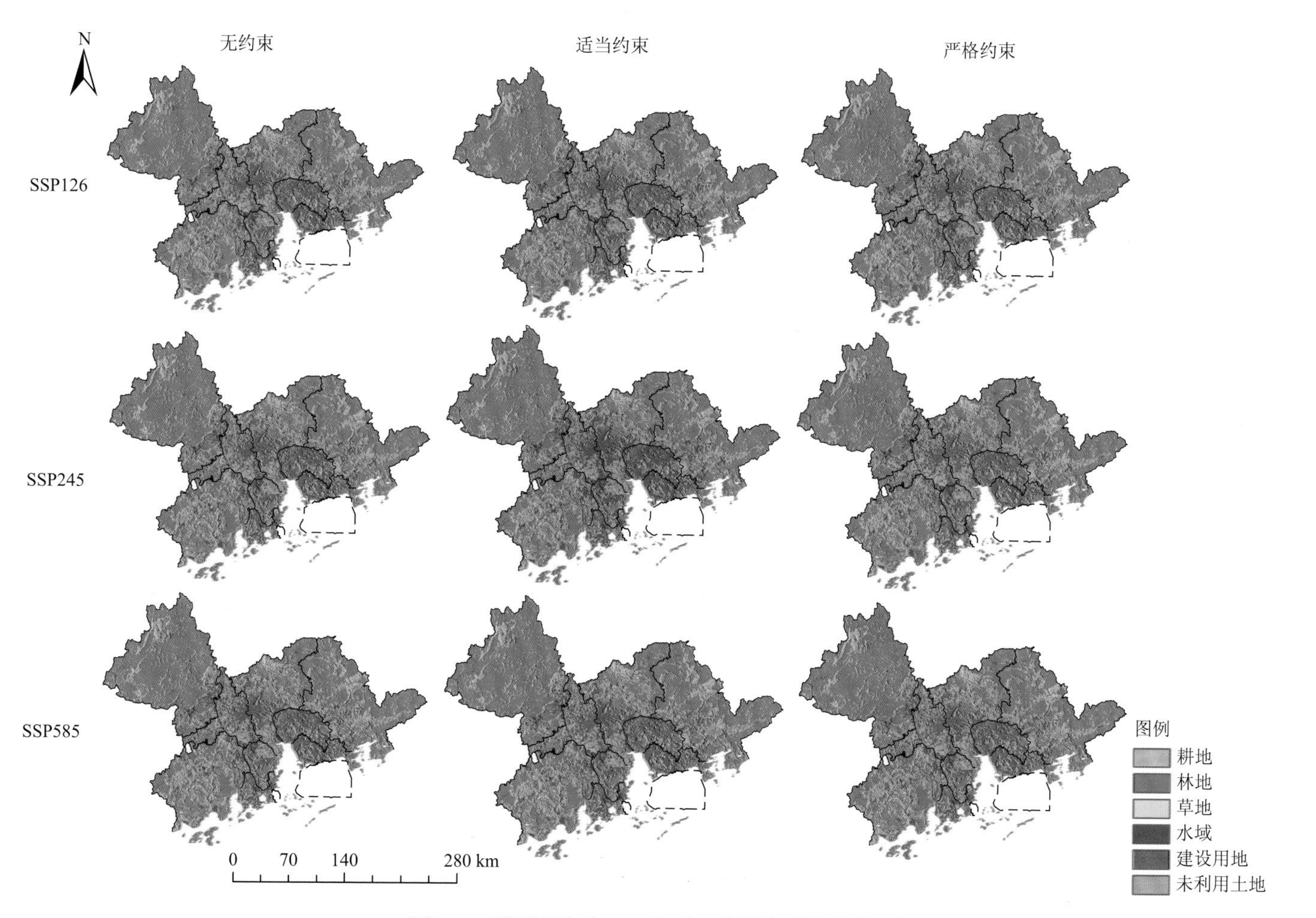

图 5-9　不同情景下 2050 年珠三角城市群土地利用变化模拟

利用模拟结果与 2015 年相比较，结果表明，珠三角城市群未来土地利用变化以建设用地对耕地和林地的侵占为主，其中 45%的建设用地扩张以耕地为代价，42%的建设用地扩张以林地为代价，耕地、林地面积分别减少约 8.6%、3.5%。建设用地的扩张主要围绕原城镇用地分布，从耕地与生态用地的保护策略来看，随着对耕地和生态用地保护力度的加强，建设用地的扩张分布更加集中。新增建设用地最多的城市为广州、惠州、东莞、佛山等地，分别约占总新增建设用地的 22%、15%、13%、13%。

5.4.2　未来情景下珠三角城市群暴雨洪涝缓解能力评估

5.4.2.1　未来情景下珠三角城市群洪涝缓解能力的空间分布和面积占比

不同情景下 2035 年、2050 年珠三角城市群极端暴雨洪涝缓解能力的空间分布图分别如图 5-10、图 5-11 所示。按照自然断点法，将洪涝缓解系数 R 表征的洪涝缓解能力分为 5 个等级，从低到高依次为弱($0 \leqslant R < 0.16$)、较弱($0.16 \leqslant R < 0.34$)、一般($0.34 \leqslant R < 0.45$)、较强($0.45 \leqslant R < 0.55$)、强($0.55 \leqslant R \leqslant 1$)。从暴雨洪涝缓解能力的空间分布上看，洪涝缓解能力相对较强的区域主要分布在肇庆西北部、江门西南部、惠州东北部等远离珠三角中心的地区，洪涝缓解能力相对较弱的区域主要分布在广州、佛山、东莞、深圳、珠海等珠三角中心地带。结合珠三角地形分布来看，肇庆、惠州等研究区周边地带主要为丘陵山地，雨水不易汇聚，洪涝缓解能力在研究区内相对较高；广州、佛山等地势较低且平坦，位于该流域的最低处，雨水积聚导致洪涝缓解压力较大，极易造成洪涝风险。因此未来建成区可向西部江门等地、东部惠州等地扩张，更有利于控制极端暴雨造成的洪涝风险。

不同情景下珠三角城市群各等级暴雨洪涝缓解能力的面积占比如图 5-12 所示。从总体分布上来看，未来情景下，低洪涝缓解能力(弱、较弱)区域的面积约占总面积的 35%，高洪涝缓解能力(强、较强)区域的面积约占总面积的 53%，且强洪涝缓解能力占比较大，表明珠三角大部分地区的洪涝缓解能力高于研究区平均水平。从总体趋势上来看，2035～2050 年，大多数情景下弱洪涝缓解能力的区域面积都有所增多，且大多数较强洪涝缓解能力的区域面积也有所减少，表明未来珠三角城市群洪涝缓解能力总体上有下降的趋势。

从 SSP 情景上分析，2035 年 SSP245 情景相较于 SSP126 情景低洪涝缓解能力的区域面积增加，高洪涝缓解能力区域的面积减少，洪涝缓解能力降低。而

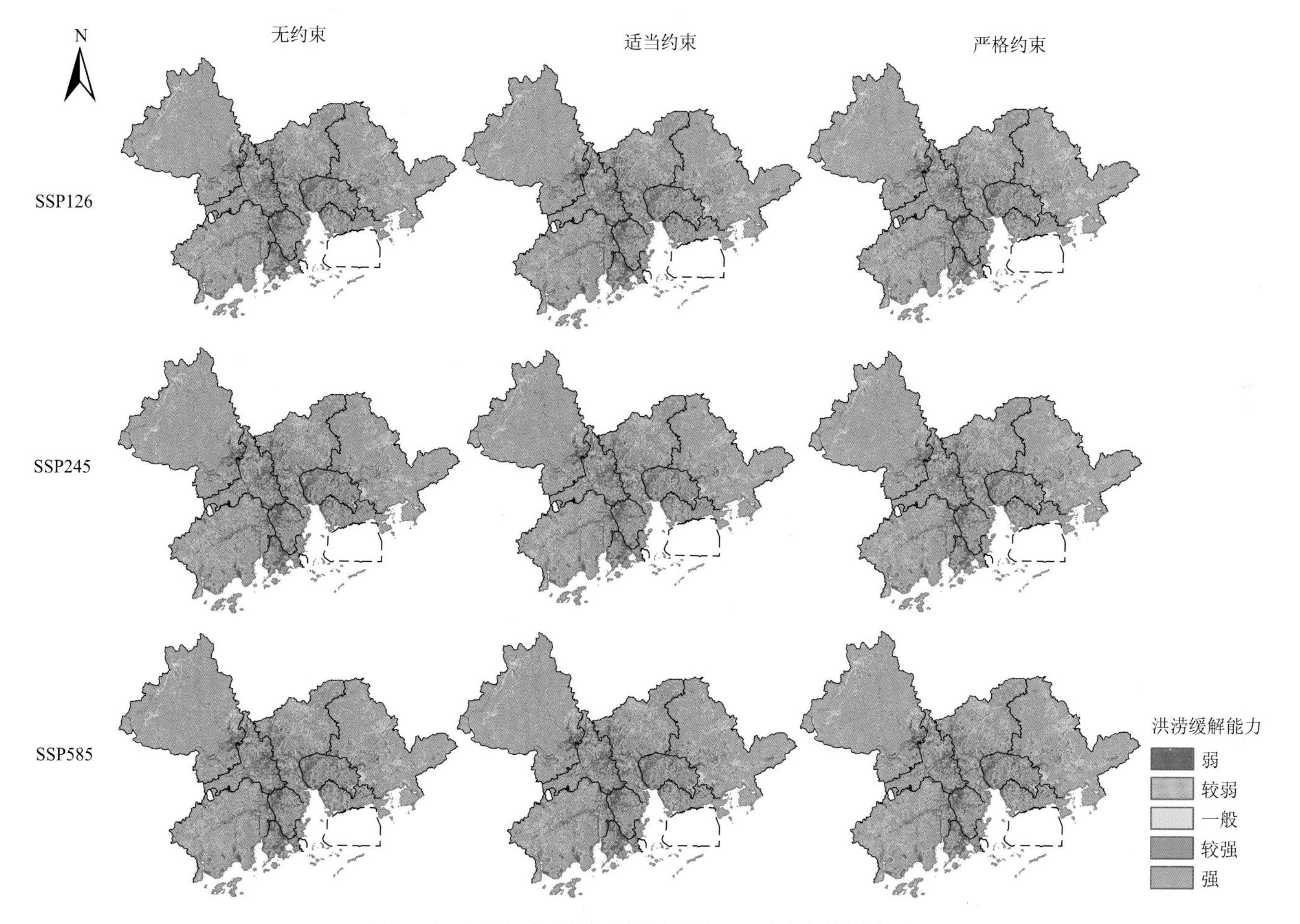

图 5-10 不同情景下珠三角城市群 2035 年洪涝缓解能力

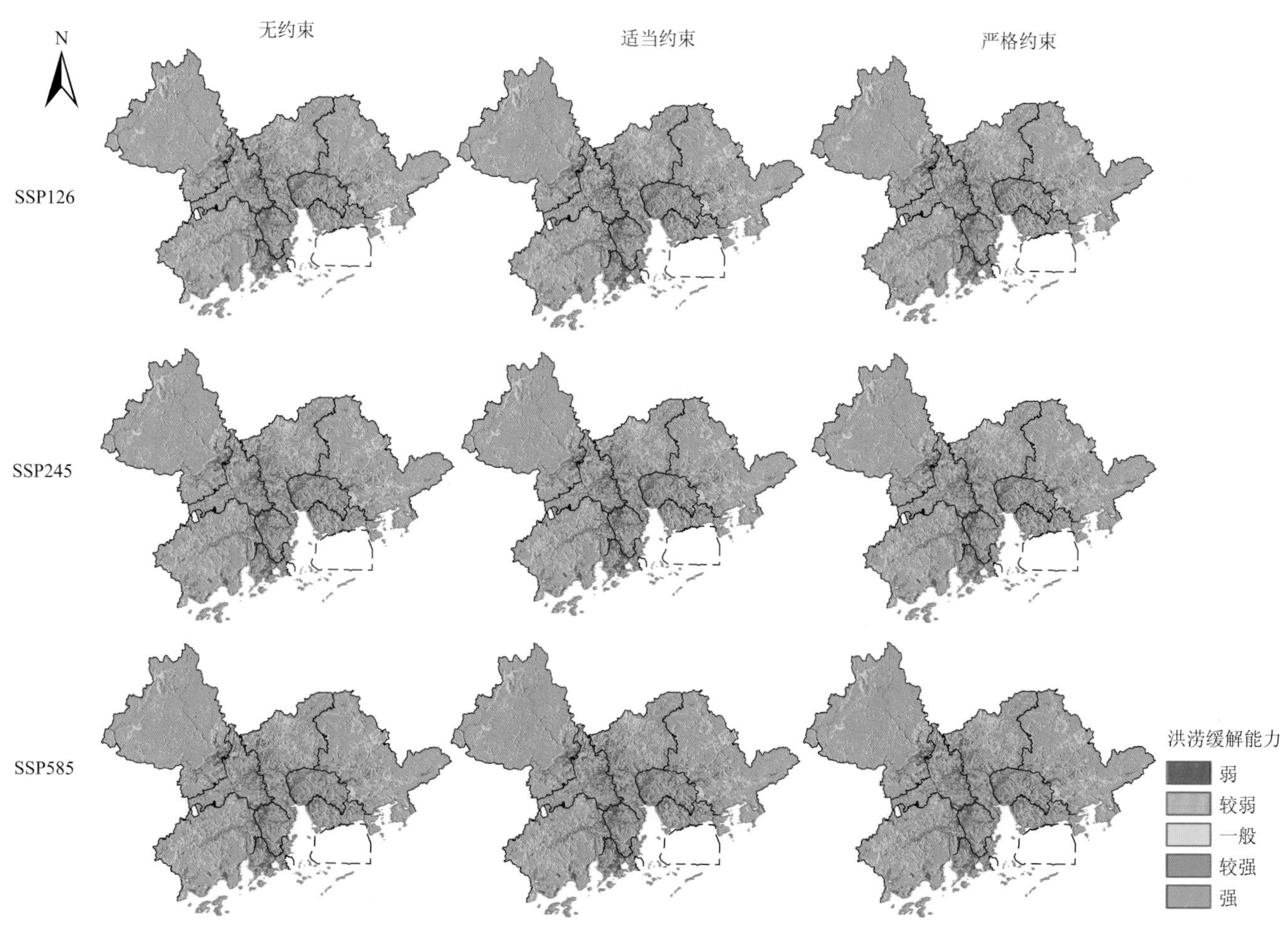

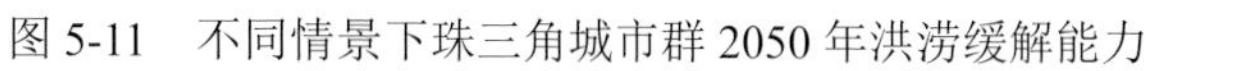
图 5-11　不同情景下珠三角城市群 2050 年洪涝缓解能力

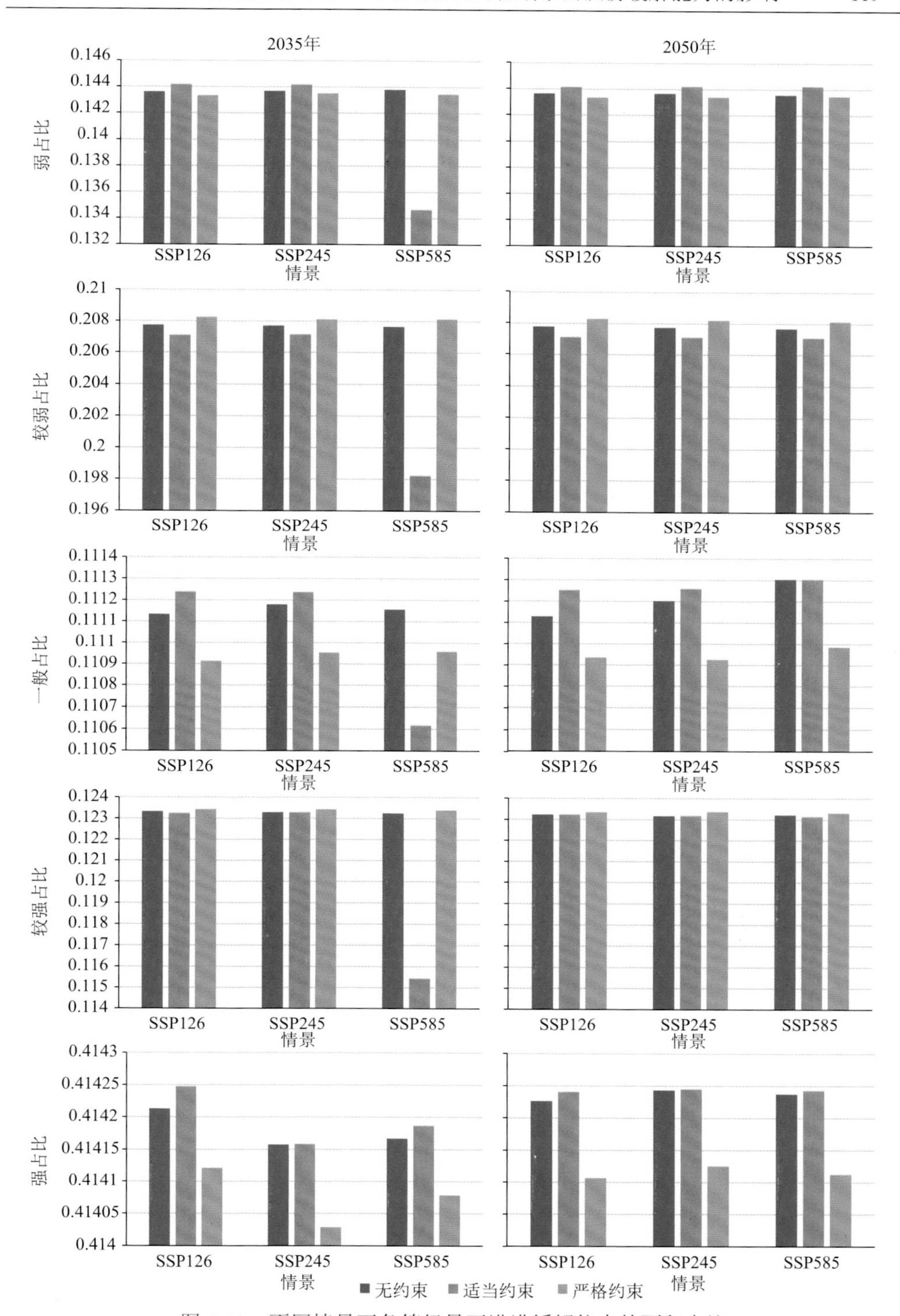

图 5-12　不同情景下各等级暴雨洪涝缓解能力的面积占比

SSP585 情景相较于 SSP126 情景低洪涝缓解能力与高洪涝缓解能力的面积均减少，该情景下区域内的洪涝缓解能力的分异性减小。2050 年 SSP245 情景与 SSP585 情景低洪涝缓解能力和高洪涝缓解能力的区域面积均减小，一般洪涝缓解能力的区域面积增加，且 SSP585 情景面积增加量大于 SSP245 情景。从区域面积的数量变化来看，SSP585 情景更有利于抑制低洪涝缓解能力区的产生，但同时也抑制了高洪涝缓解能力区的产生。SSP245 情景下研究区的洪涝缓解能力最低。

从耕地和生态用地的保护策略上分析，适当保护策略相较于无约束策略较弱和较强洪涝缓解能力的区域面积减少，而严格保护策略相较于无约束策略弱、一般、强洪涝缓解能力的区域面积减少。严格保护策略更有利于抑制弱洪涝缓解能力区的产生。

5.4.2.2　未来情景下珠三角城市群洪涝缓解系数的变化情况

不同情景下珠三角全域、珠三角中心地带（广州、深圳、珠海、佛山、东莞、中山）、珠三角周边地带（肇庆、江门、惠州）的洪涝缓解系数平均值及其变化趋势如图 5-13 所示。

从总体上看，未来珠三角的洪涝缓解能力有所下降，且各个情景之间的差异不大。对珠三角全域而言[图 5-13（a）]，从 SSP 情景上分析，SSP245 情景将导致珠三角城市群洪涝缓解能力下降最为严重；从耕地与生态用地保护策略上分析，适当约束策略下洪涝缓解能力最差。分区域来看，珠三角中心地带的洪涝缓解系数低于研究区平均水平，周边地带则高于研究区平均水平，可见珠三角中心地带的洪涝缓解能力严重低于周边地带。对珠三角中心地带而言[图 5-13（b）]，耕地与生态用地保护策略的影响比 SSP 的影响更大，洪涝缓解能力从高到低依次为适当约束策略、无约束策略、严格约束策略，表明对耕地和生态用地采取适当约束策略能够相对有效地减少中心地带的洪涝缓解能力的下降；从 SSP 情景上分析，洪涝缓解能力按从大到小的顺序依次为 SSP245、SSP585、SSP126。对珠三角周边地带而言[图 5-13（c）]，依然是耕地与生态用地保护策略的影响比 SSP 的影响更大，洪涝缓解能力从高到低依次为严格约束策略、无约束策略、适当约束策略，表明在珠三角周边地带对耕地和生态用地采取严格约束策略能够相对有效地减少中心地带的洪涝缓解能力的下降；从 SSP 情景上分析，洪涝缓解能力按从大到小的顺序依次为 SSP126、SSP585、SSP245。

因此，综合上述结果，对珠三角中心地带而言，SSP245 和适当约束策略是最佳组合；对于周边地带则截然相反，SSP126 和严格约束策略是最佳组合。因此，

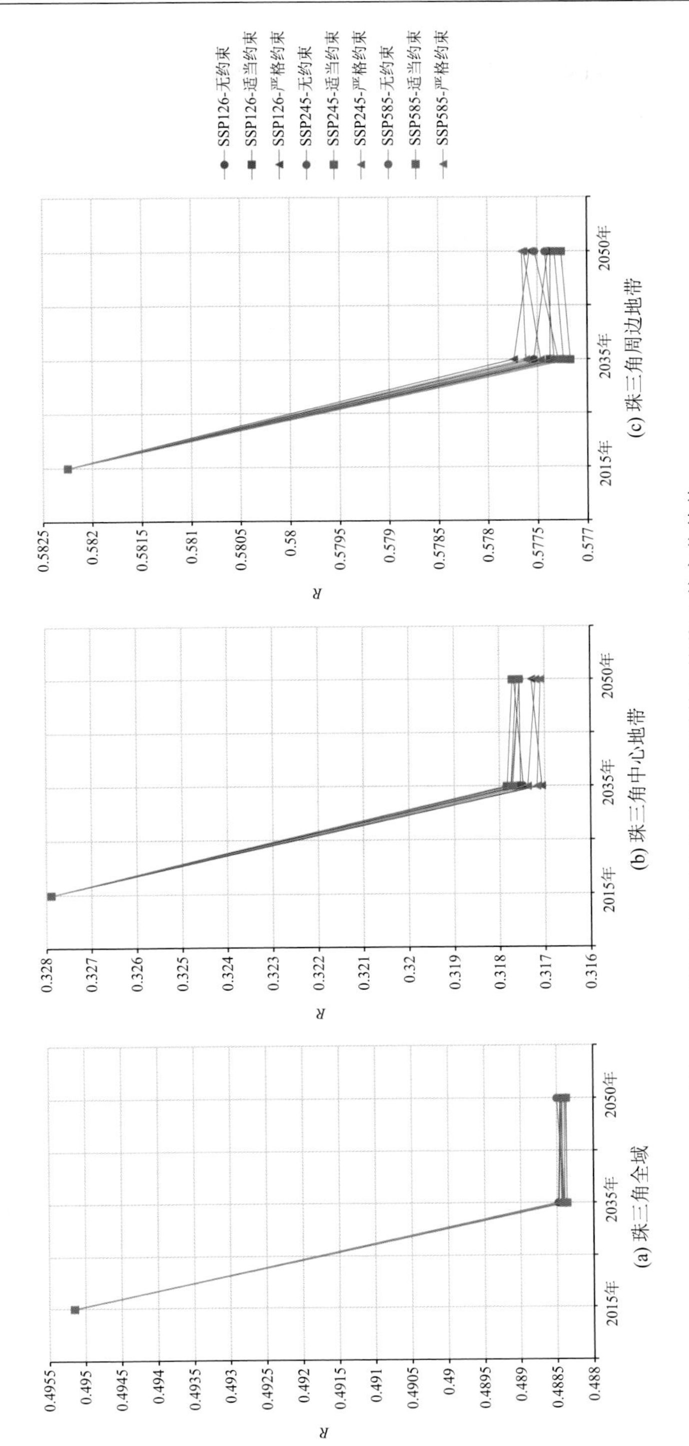

图 5-13 不同情景下城市洪涝缓解系数平均值及其变化趋势

为了避免洪涝缓解能力的进一步退化，珠三角城市群应对中心地带和周边地带采取不同的发展情景，在中心地带，应在 SSP245 路径下采取对耕地和生态用地适当约束策略，即在历史趋势发展情景下，考虑城市对耕地和生态用地的适当保护政策，适当控制建设用地对耕地及生态用地的侵占，减少城市发展过程中耕地和生态用地的快速流失，这将最大限度地维持珠三角中心地带的洪涝缓解能力；同时应在中心地带优化防洪排水等基础设施建设，以防范极端暴雨下的城市洪涝风险。在周边地带，应在 SSP126 路径下采取对耕地和生态用地的严格约束策略，即在可持续发展情景下，考虑城市对耕地和生态用地的严格保护政策，实行严格的耕地与生态用地的保护政策，禁止耕地和生态用地的流失，避免洪涝缓解能力的进一步退化。

5.5　本 章 小 结

本章通过综合 PLUS 土地利用变化模拟模型和 UFRM 城市洪涝缓解能力评估模型，以珠三角城市群作为研究对象，在不同 SSP 情景以及不同耕地和生态用地保护策略下，探讨未来城市洪涝缓解能力的空间格局，结果如下。

(1) 珠三角城市群未来土地利用变化以建设用地对耕地和林地的侵占为主，两者面积分别减少约 8.6%和 3.5%。未来珠三角建设用地扩张最多的地区主要分布在广州、惠州、东莞、佛山等地。

(2) 未来珠三角城市群洪涝缓解能力总体上有恶化的趋势；整体上研究区处于相对高洪涝缓解能力的区域面积大于处于相对低洪涝缓解能力的区域面积；在广州、深圳、珠海、佛山等珠三角中心地带的洪涝缓解能力处于较低水平，其洪涝缓解系数约为 0.317；在肇庆、江门、惠州等珠三角周边地带洪涝缓解能力处于较高水平，其洪涝缓解系数约为 0.577。

(3) 珠三角城市群地区之间的洪涝缓解能力差异较大，在珠三角中心地带，采取 SSP245 和适当约束策略，即在历史趋势发展情景下考虑对耕地和生态用地采取适当保护政策，是较为理想的发展路径和政策策略；在珠三角周边地带，采取 SSP126 和严格约束策略，即在可持续发展情景下考虑对耕地和生态用地采取严格保护政策，是较为理想的发展路径和政策策略。

综合以上结果，珠三角地区整体上面临较大的洪涝缓解压力，并集中在广州、深圳佛山等中心地带，而惠州、肇庆、江门等周边地带的洪涝缓解能力较强，因此有必要对珠三角城市群采取分域而治的发展路径和政策策略，在未来发展中，应加强对优质耕地和城市绿地、城市周边环境的保护，加大城市群的生态建设和生态保护力度，同时在珠三角中心地带进行空间规划、增加防洪排水工程设施等，在保证城市正常发展的同时，合理规划城市群中心地带耕地和林地等土地利用类型的布局，维护城市内部的防洪排涝能力。

6 郑州市未来土地利用变化对极端暴雨洪涝缓解能力的影响

6.1 研 究 背 景

全球城市普遍面临洪涝风险。在我国城市化快速发展的背景下，城市洪涝灾害也已成为影响社会经济发展、破坏生态环境的主要自然灾害之一(唐钰嫣等, 2021)。根据住房和城乡建设部 2010 年对 351 个城市进行的专项调研结果，2008～2010 年，我国约有 62%的城市发生过城市洪涝，其中 75%的城市洪涝积水超 0.5m，80%的城市积水时间超半小时，甚至有 57 个城市的最长积水时间超过 12h(李瑶等, 2017)。城市洪涝已经成为继交通拥堵、环境污染、人地矛盾突出等城市问题后的又一大城市病(王凯, 2017)，对城市和区域的安全、绿色、可持续发展提出挑战。

暴雨是短时间内产生较强降雨的天气现象。极端暴雨事件由于降雨急、强度大、历时长、范围广等特点(孙继松等, 2015)，更容易引起城市洪涝灾害。2021 年 7 月 20 日，郑州出现了有气象观测记录以来范围最广、强度最强的特大暴雨过程。“7·20 暴雨”造成多人死亡和较大经济损失(新华社, 2022)。极端暴雨导致的城市洪涝不仅对公共秩序和生产活动造成破坏，更严重威胁着人民群众的生命财产安全，成为我国城市发展中亟待解决的问题。

城市洪涝灾害是自然因素与社会因素共同作用的结果(王伟武等, 2015)。自然因素方面，全球气候变暖加快了水文循环过程，使大气持水能力增强、稳定性降低，造成极端降水事件的强度增大、频率增加，间接加剧城市洪涝风险(张建云等, 2016; 戴开璇等, 2022)。《中国极端天气气候事件和灾害风险管理与适应国家评估报告》指出，1955～2015 年我国极端天气气候事件发生了显著变化，导致局部强降雨和城市洪涝事件增多。根据不同排放情景的预估，21 世纪我国的极端高温和极端降水事件还将继续增多(秦大河等, 2015)。此外，不利的地形地势环境也容易导致雨水快速汇集，当超出市政排水设施荷载能力时，容易形成洪涝(周宏等, 2018; 唐钰嫣等, 2021)。社会因素方面，土地利用方式及其格局是影响城市洪涝风险的重要因素(Zhou et al., 2013)。在快速城市化过程中，城市不透水面积的大幅增加改变了城市地表径流的时空模式及城市地区水文循环过程，使雨水滞留在地表而难以下渗，直接增加径流量的同时，还破坏了地表水与地下水的循环过程，加剧了城市洪涝风险（刘珍环等, 2011）。《中国 21 世纪议程》还指出，随着我国城市化和工业化进程的加快，大量城市林地、湖泊等洪水调蓄空间被挤占，使得城市洪涝灾害呈现出复杂性、多样性和放大性的特点。到 2060 年，我国建设用地规模预计将比 21 世纪初期增加约 80%（Zhou et al., 2022），未来我国将持续面临更大的城市洪涝风险。

为应对气候变化和城市扩张带来的城市洪涝风险，我国自 2012 年以来相继出台了多项措施，大力推行“海绵城市”建设，以期实现雨水的“自然积存、自然渗透、自然净化”（王浩等, 2017）。海绵城市建设的核心任务之一是对城市及周边地区的不透水面、水系、林地和草地等进行合理的布局和保护，最大限度减少人类活动对城市生态系统的破坏，尽可能发挥其生态效益以减少雨水径流（王凯, 2017）。在此过程中，不同土地利用/覆盖类型的形态及其空间分布和配置构成了不同的景观格局（傅伯杰等, 2003），对城市洪涝风险及其分布产生了重要影响（张建云等, 2014）。

从机理上分析，城市扩张改变区域的景观结构、植被特征以及自然的水文机制，对地表不透水面、河流景观等洪涝灾害的孕灾环境造成扰动（苏伟忠等, 2012），降低了生态系统的雨洪调蓄能力，使洪涝灾害频繁发生（蒋春博等, 2021），且往往城市化程度越高的地区洪涝灾害的风险越大（Liu et al., 2013）。实证研究表明，连片的城市建设用地更容易成为主要的高产流区（王凯, 2017），城市用地的大面积聚集发展将会导致洪涝灾害风险上升（袁玉等, 2020），建设用地斑块的聚集度越高、破碎度越低，洪涝灾害风险就越高（唐钰嫣等, 2021）。绿地斑块对洪涝风险的影响则相反，具有较高聚集度与连通性的城市绿地景观可以在雨洪调节中发挥积极的生态效益（Kim and Park, 2016）。此外，连续分布的农业用地也不利于缓解城市的洪涝风险（Lee and Brody, 2018）。在景观层面上，景观的蔓延度与区域洪涝风险呈正相关关系，而景观的多样性与区域洪涝风险呈负相关关系（吴健生和张朴华, 2017）。同时，景观分布越均匀，越有利于产流，反之则抑制产流（江颂等, 2019）。可见，土地利用/覆盖以及景观格局的变化对城市洪涝灾害风险及洪涝缓解能力有巨大影响。然而，现有研究集中在城市景观格局的水文效应分析，即探究历史时期景观格局与洪涝风险或洪涝缓解能力之间的关系。而少有研究探讨未来情景下，采取何种发展路径、何种景观格局的城市发展策略，更有利于缓解极端暴雨下的城市洪涝风险。

“中原发展看河南，河南发展看郑州”。郑州市作为国家中心城市和“一带一路”重要节点城市，在中原崛起战略中处于核心地位。郑州市的快速城市化进程始于 1992 年，自 2004 年进入加速发展期(王凯, 2017)，到 2020 年时城镇化率已达 74.6%。随着城市化水平的不断提高，郑州市的“城市病”也开始凸显。尤其近年来，郑州市在雨季几乎逢雨必淹，快速城市化和落后的市政设施导致洪涝风险加剧(陈文龙等, 2021)，“7·20”特大暴雨更是为人们敲响了警钟，解决郑州市雨洪灾害问题已刻不容缓。

根据《郑州都市区总体规划(2012～2030)》，郑州市计划打造承载千万级人口规模的都市区，构建“一主、三区、四组团”的多中心、组团式空间结构。一方面，随着规划的逐步落实，城市发展将会带动区域形成新的景观格局，进而影响城市洪涝缓解能力及其空间分布。另一方面，在不同的人类活动和排放强度下，郑州的发展可能遵循不同的 SSP，其城市扩张的速度和规模将有所差异。因此，预测按不同的 SSP 情景、不同景观聚集程度的城市发展策略，在发生一定重现期极端降水事件时所面临的城市洪涝的大小、分布和时空变化，对郑州市的城市规划、发展策略和城市防涝能力建设具有重要意义。

本章通过耦合 STAPLE 模型和 UFRM，评估郑州市历史及未来多种发展情景和策略下的城市洪涝缓解能力，以期为决策提供依据。6.2 节将介绍研究区概况与研究数据，6.3 节介绍研究方法，6.4 节介绍研究结果，6.5 节给出结论及政策启示。

6.2 研究区概况与研究数据

6.2.1 研究区概况

郑州市(34°16′N～34°58′N，112°42′E～114°14′E)(图 6-1)是河南省省会、特大城市、中原城市群中心城市和国家中心城市。它位于华北平原南部、河南省中北部，黄河中、下游分界处，地处国家“两横三纵”城市化战略格局中欧亚大陆桥通道和京哈、京广通道的交会处，随着“一带一路”合作倡议的提出，郑州市又被确立为国际性综合交通枢纽。郑州市现辖 6 个市辖区，分别为中原区、二七区、金水区、惠济区、管城回族区和上街区，代管 5 市 1 县，分别是新郑市、登封市、新密市、荥阳市、巩义市和中牟县。市辖区中的中原区、二七区、金水区、惠济区、管城回族均集中在主城区内，而上街区作为市辖区飞地，位于荥阳市西侧。自 2016 年国家正式批复郑州市建设国家中心城市以来，郑州市市域城市建成区增加 540.12km^2，其中 2017～2018 年增加 224.3km^2，增速最快。在空间上，郑州市建成区有向南发展的趋势，航空港和管城区的城市建设最为明显，此外，郑东新区的建成也为城市发展带来了新的增长极。

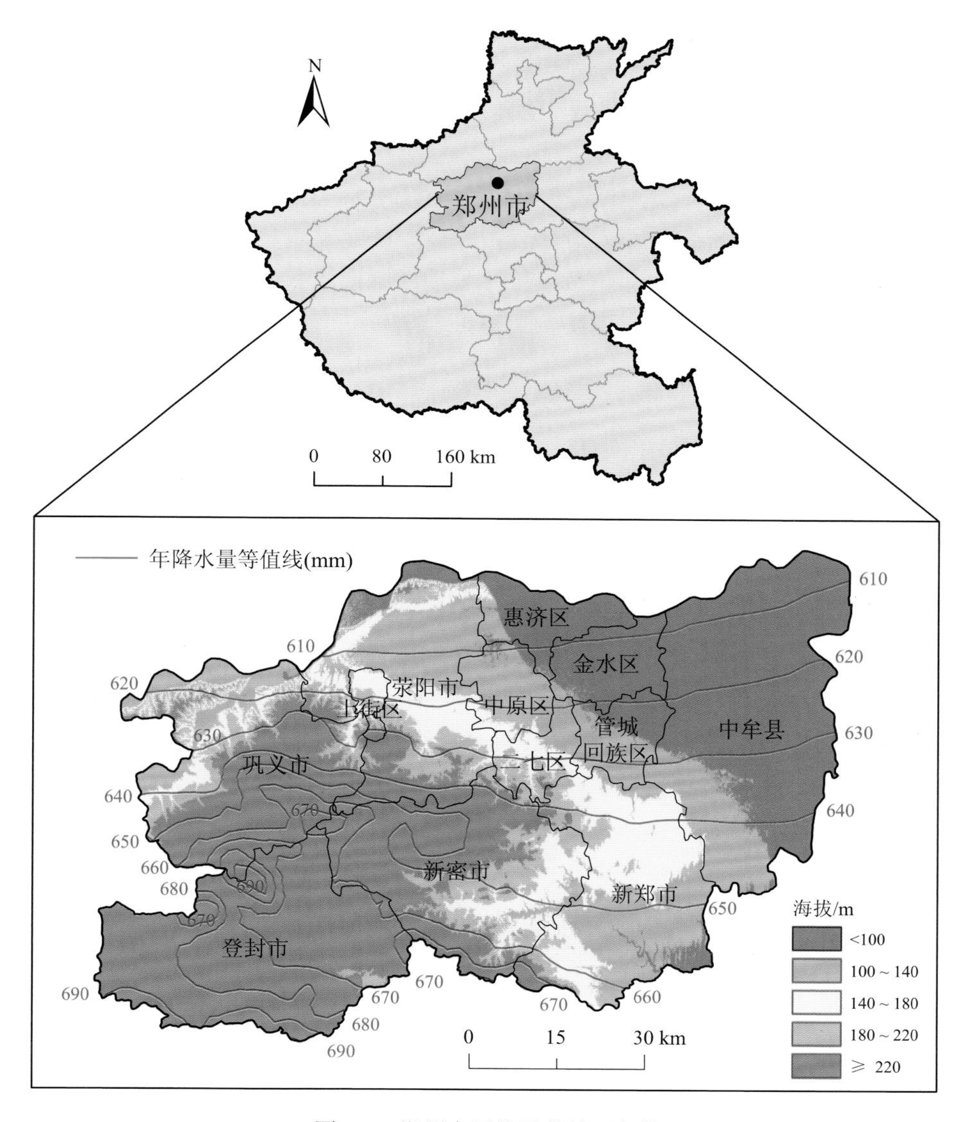

图 6-1　郑州市区位及其地理条件

自然条件方面，郑州市地处太行山脉向平原过渡地带，地形地貌比较复杂，横跨我国第二级和第三级地貌台阶，地势总体上呈现西高东低，海拔依次降落形成高、中、低 3 个阶梯，由中山、低山、丘陵过渡到平原。其中，山区面积 2375.4km^2，占总面积的 31.6%；丘陵区面积 2256.2km^2，占 30.0%，平原区面积 2879.7km^2，占 38.4%。气候方面，郑州市属温带大陆性季风气候，四季分明，降雨集中在每年 6～8 月，年平均降水量 635.6mm，年平均降水日数 78 天。郑州市降水的空间分布呈由南向北逐渐递减的趋势，西南山区的降水量略大于市区，具体到各年的降水空间分布特征，在总体趋势下略有差别，图 6-1 给出 2015 年年降水量等值线。洪涝灾害是郑州市的主要自然灾害之一，多发于夏季和春、秋季，平均三年一遇。2021 年 7 月 18～21 日，郑州市发生罕见持续强降水天气过程，单日降水量超 550mm，再次为城市洪涝灾害的防治工作敲响警钟。

6.2.2　数据来源及预处理

本章使用的数据主要包括两部分，即土地利用/覆盖变化模拟部分和城市洪涝缓解能力评估部分，表 6-1 给出数据类型、数据项、空间分辨率以及数据来源等详细信息。

表 6-1　数据项及数据来源

项目	数据类型	数据项	空间分辨率	时间范围	数据来源
土地利用/覆盖变化模拟	土地利用/覆盖	CLCD 土地覆被	30m	1985～2019 年	https://doi.org/10.5281/zenodo.8176941
		LUH 土地利用	0.25°	850～2100 年	https://luh.umd.edu
	自然要素	高程、坡度	90m	2000 年	国家青藏高原科学数据中心
		降水	1km	1960～2020 年	中国科学数据
		年最大 NDVI	30m	2000～2020 年	国家科技资源共享服务平台
	人类活动	GDP	1km	1995～2020 年	中国科学院资源环境科学与数据中心
		人口密度	100m	2000～2020 年	WorldPop（https://www.worldpop.org）
		夜间灯光	1km	2000～2020 年	美国国家海洋和大气管理局、Earth Observation Group
		各级行政中心	1∶100 万	2017 年	北京大学地理数据平台
		路网	矢量	2006～2022 年	Open Street Map
		地铁站	POI	2010～2022 年	高德 API
		火车站	POI	2010～2022 年	高德 API
	政策约束	开发区、保护区			《郑州都市区总体规划（2012～2030）》

续表

项目	数据类型	数据项	空间分辨率	时间范围	数据来源
洪涝缓解能力评估	土壤水文特性	土壤类型	1∶100 万	1995 年	中国科学院资源环境科学与数据中心
		CN 表	—	—	张仁杰, 1987; 魏文秋和谢淑琴, 1992; 王凯, 2017
	雨量设计	不同重现期雨量	—	—	孙济良和秦大庸, 1989; 王凯, 2017

注：部分数据中心的网址如下：国家青藏高原科学数据中心（http://data.tpdc.ac.cn）、中国科学数据(http://www.csdata.org)、国家科技资源共享服务平台(http://www.nesdc.org.cn)、美国国家海洋和大气管理局(https://www.ngdc.noaa.gov)、Earth Observation Group(https://www.ngdc.noaa.gov/eog)、北京大学地理数据平台(https://geodata.pku.edu.cn)。

在土地利用/覆盖变化模拟部分中，CLCD（annual China land cover dataset）土地覆盖数据集用于郑州市土地利用/覆盖变化的模拟，它提供了土地利用/覆盖的历史和现状，其分类包括耕地、林地、灌丛及草地、水域、不透水面和裸地，考虑到本章的目的和模型运行效率，该数据被重采样至 100m；LUH 是不同 SSP 情景下全球土地利用状态的历史及未来预估数据，它考虑了气候变化、社会经济因素以及农林管理措施等，给出了 0.25°格网上各类土地面积的占比，其分类包括农业用地、牧草地、森林、城市等。本章中 CLCD 数据是土地利用/覆盖变化模拟的输入，LUH 数据则用于未来 SSP 情景下土地需求的预估。CLCD 和 LUH 数据的土地分类体系与空间分辨率存在差异，无法直接将 LUH 给出的土地面积作为以 CLCD 为基础的土地需求，因此需要先建立二者的对应关系，再用 LUH 换算出未来情景下 CLCD 对应的土地需求，具体方法将在 6.3.2.3 节进行介绍。

11 种自然和人类活动要素将作为土地利用/覆盖变化的驱动因素。其中，行政中心、路网、地铁站和火车站数据为矢量数据，用于计算研究区各栅格位置上到该因素的欧氏距离，行政中心包括区县级行政中心和乡镇行政中心，路网包括干道、一级道路、二级道路、三级道路。上述 11 个驱动因素均选取 2010 年、2012 年、2014 年、2016 年、2018 年 5 期。此外，为了在土地利用/覆盖变化模拟中充分考虑政策因素的影响，本章将《郑州都市区总体规划(2012～2030)》中的规划图数字化为矢量图，并归纳为开发区和保护区两类。以上矢量数据均经过投影、插值或重采样处理至 100m，并与 CLCD 数据对齐。

在城市洪涝缓解能力评估部分中，土壤类型数据是来自中国科学院资源环境科学与数据中心(https://www.resdc.cn/)的 1∶100 万矢量数据，经过投影后转换为 100m 栅格数据，并与 CLCD 数据对齐。CN 及不同重现期暴雨量设计值则通过查阅相关文献获取。

6.3 研 究 方 法

6.3.1 技术路线

本章的技术路线如图 6-2 所示，主要包含未来情景下土地利用/覆盖预测和洪涝缓解能力评估两部分。鉴于本章研究区需要模拟未来不同土地利用类型的格局，且研究区相对较小、数据基础好，故本章使用 STAPLE 模型进行未来情景下土地利用/覆盖的预测，输入数据包括不同 SSP 情景下的 LUH 预测数据、土地利用/覆盖变化驱动因子和土地利用/覆盖现状。其中，土地利用/覆盖变化驱动因子和土地利用/覆盖现状用于各土地利用类型发展概率的计算，LUH 预测数据用于估算未来 SSP 情景下郑州市的土地需求。在 STAPLE 模型中，通过设置不同的景观参数，产生城市土地发展的景观模式，与不同 SSP 情景下的土地需求构成不同发展情景，进而预测出未来各情景下的土地利用/覆盖状况。使用 UFRM 进行洪涝缓解能力评估，输入数据包括土壤类型分布、极端降水量 P 及 CN 值表，并结合土地利用/覆盖现状或预测，计算地表产流值 Q 和洪涝缓解系数 R。最终，本章将综合上述结果，分析不同 SSP 情景、不同景观格局下郑州市城市洪涝缓解能力的时空格局和演化特征，并相应地给出发展建议以供参考。

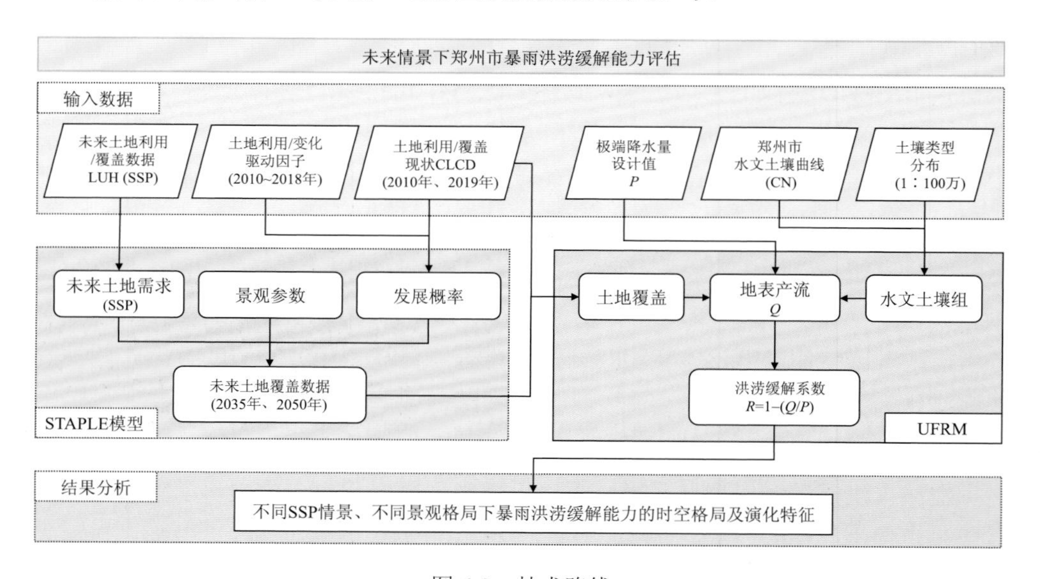

图 6-2 技术路线

6.3.2 土地利用/覆盖变化模拟

本章使用 STAPLE 模型模拟郑州市未来的土地利用/覆盖变化。该模型是一个基于 STCNN 和地理元胞自动机的土地利用/覆盖变化模拟模型，它能够有效利用土地利用/覆盖变化过程中的时空邻域信息，并在景观生态学层面控制土地变化的聚集程度，从而模拟出不同区域发展景观模式下土地利用/覆盖的格局和演化。有关 STAPLE 模型的具体结构和原理请参考 2.6 节。

自然要素和人类活动共计 15 个因素被选为本章土地利用/覆盖变化的驱动因素，分别为高程、坡度、年降水量、年最大 NDVI、GDP、人口密度、夜间灯光强度、到区县级行政中心的距离、到乡镇级行政中心的距离、到干道的距离、到一级道路的距离、到二级道路的距离、到三级道路的距离、到地铁站的距离、到火车站的距离。在模拟前，首先在 2010～2019 年对 STAPLE 模型进行校准，即模拟 2010～2019 年郑州市的土地利用/覆盖变化情况，并与实际情况进行比对。然后，用校准后的模型模拟 2019～2035 年、2035～2050 年的土地利用/覆盖变化情况。6.3.2.1 节和 6.3.2.2 节将介绍本章中 STAPLE 模型的参数设置，6.3.2.3 节将介绍未来情景下土地利用/覆盖变化的预测方法。

6.3.2.1 STCNN 的参数设置

STAPLE 模型使用 STCNN 计算各土地利用类型的发展概率，它的优势在于能够充分利用自然及社会驱动因素的时空邻域信息，并建立其对土地利用变化的非线性驱动关系，进而提高模拟精度，以增强未来情景下土地利用/覆盖变化模拟的可靠性(Geng et al., 2022)。

在构建 STCNN 前，需要首先指定其时空窗口的尺寸，并据此对驱动因素和土地利用/覆盖状况进行采样，用于神经网络的训练。考虑到数据获取和处理的效率，本章将时空窗口定为 2010 年、2012 年、2014 年、2016 年、2018 年共 5 期；空间窗口定为 1km，即认为在某一空间位置上，在其周围 1km 见方的范围内，2010～2018 年的驱动因素将对其中心位置的土地利用/覆盖变化产生影响。在采样中，本章采用 PEAS，从 2010～2019 年不变和变化的像元中各随机抽取 5%产生训练样本，在每个 1km×1km 的窗口中，包括 11×11 个 100m 分辨率的像元。

根据上述时空窗口，本章构建的 STCNN 结构如图 2-18 所示。该网络共有 7 层，包括一个输入层、两个卷积层、两个池化层、一个全连接层和一个输出层。其中，输入层接收时间维度为 5、空间维度为 11×11 的 15 通道样方；卷积层 C1

采用了 10 个时间维度为 2、空间维度为 3×3 的卷积核；池化层 P2 进行 2×2×2 的最大池化；卷积层 C3 采用了 20 个时间维度为 2、空间维度为 3×3 的卷积核；池化层 P4 再次进行 2×2×2 的最大池化；全连接层 D5 包含 100 个神经元，使用 tanh 激活函数，并设置 20%的 dropout 以防过拟合；输出层包含 6 个神经元，使用 SoftMax 激活函数，分别输出本章中 6 种土地利用/覆盖所对应的发展概率值。

在 STCNN 的训练过程中，选用 Adam 优化器。它是深度学习中最流行的优化器之一，基于动量算法对梯度的历史信息进行充分利用，同时还结合了 AdaGrad 和 RMSProp 的优点，在稀疏样本或带噪声的模型训练中能够取得较好的表现(Kingma and Ba, 2014)，这点符合本章土地利用/覆盖状态预测的特点。网络训练的初始学习率设为 0.001，网络的损失由交叉熵损失定义。为防止网络发生欠拟合或过拟合，本章采用了早停法的训练策略，该方法的原理详见 2.6 节。同时，将批次大小(batch size)设为 128，将损失值(loss)作为监测对象，当损失值在连续 20 期(迭代轮次)中均不再降低时，即认为网络已训练至收敛状态，停止训练并将网络参数回退至此前损失值最小的一期。

6.3.2.2　CAPLE 模块的参数设置

CAPLE 模块是一个基于随机斑块种子和轮盘竞争机制的 CA 算法。它根据发展概率计算模块所得各种土地利用/覆盖类型的发展概率、并参考初始的土地利用/覆盖情况和转换约束，将未来情景下的土地需求分配到空间位置上。在实际应用中，CAPLE 模块的参数主要可以分为基础参数和景观参数。基础参数是运行模型的必要输入，包括初始土地利用/覆盖图、发展概率图、土地需求、转换约束以及种子比例；景观参数是用以控制土地发展景观聚散程度的参数，主要是控制斑块紧致度的参数 α 和控制斑块疏离度的参数 β。

在模型验证阶段，以 2010 年郑州市土地利用/覆盖图作为初始状况、以 2010～2019 年的样本来计算发展概率、以 2019 年各类土地的实际数量作为土地需求、以《郑州都市区总体规划(2012～2030)》给出的适宜建设区和禁止开发区作为空间约束。空间约束区的分布情况如图 6-3 所示，其中，适宜建设区中适当提高不透水面的发展概率，禁止开发区中不允许发展不透水面。经过验证，当随机种子比例设为 0.001、适宜建设区发展概率放大倍数为 5 时，能够取得较好的模拟效果。在模型预测阶段，不同景观参数和土地需求的组合将产生不同的发展情景，其具体设置将在 6.3.2.3 节介绍。

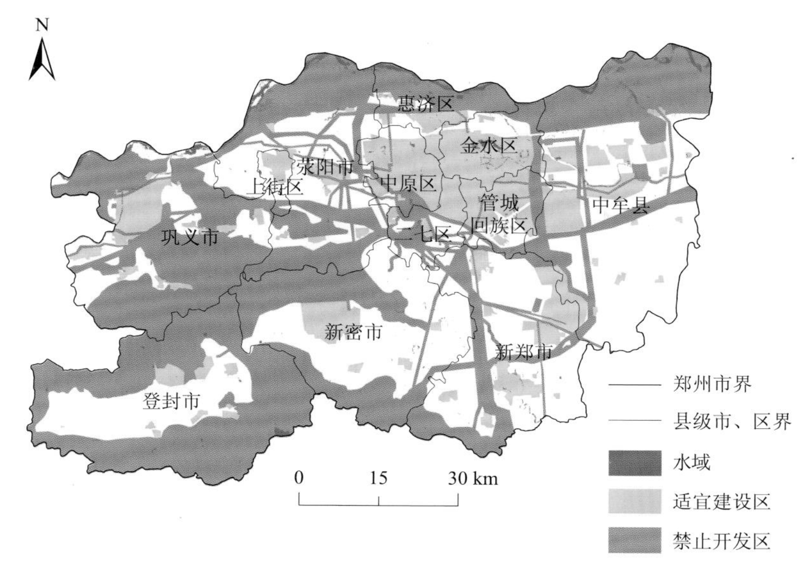

图 6-3 郑州市发展的空间约束区

6.3.2.3 未来情景下的土地利用/覆盖变化预测

根据不同 SSP 情景下的土地需求和不同城市景观发展策略的组合，本章模拟了 9 种未来发展情景下的土地利用/覆盖变化情况。其中，SSP 情景包括 SSP126、SSP245、SSP585，城市景观发展策略包括：常态发展策略（s0）、分散发展策略（s1）和聚集发展策略（s2）。其中，城市景观发展策略由 CAPLE 模块中的景观参数 α 和 β 控制。

不同 SSP 情景下郑州市的发展规模由土地需求控制。本章各土地利用/覆盖类型的需求值由 LUH 数据和 CLCD 数据的历史趋势综合计算获得。首先，需要使用历史数据建立 CLCD 数据和 LUH 数据的对应关系：本章将 2000～2015 年作为历史数据，可以确定出郑州市 LUH 城市用地面积占比与 CLCD 不透水面积占比间存在式（6-1）所示的线性关系：

$$Y = 8.5963X - 0.3127 \qquad \left(R^2 = 0.95\right) \tag{6-1}$$

式中，Y 为 CLCD 数据中郑州市不透水面积的占比；X 为 LUH 数据中郑州市城市用地面积的占比。然后，根据上述回归关系，将 2020～2050 年未来 SSP 情景下 LUH 的城市用地面积换算为 CLCD 对应的不透水面需求。此后，根据 CLCD 数据中耕地、林地、草地、水域、裸地面积的历史趋势，分别选取合适的回归方程，推算历史趋势下上述各类土地在未来的面积需求。最后，为保证所有土地利用类

型面积之和与研究区总面积相等，根据式(6-2)，修正各类土地在未来SSP情景下的土地需求，

$$\text{Demand}_i^s = \frac{\text{Trend}_i}{\sum_{i \neq \text{impervious}} \text{Trend}_i}\left(\text{Area} - \text{Demand}_{\text{impervious}}^s\right) \tag{6-2}$$

式中，Demand为修正后的土地需求；Trend为根据CLCD数据历史趋势推算的未来需求；Area为研究区总面积；i为土地利用类型；S为SSP情景。

不同景观发展策略由CAPLE模块的景观参数控制。α控制土地斑块的紧致性，当$\alpha=1$时，不改变土地斑块的紧致性；当$0<\alpha<1$时，降低土地斑块的紧致性，使城市蔓延式扩张；当$\alpha>1$时，提高土地斑块的紧致性，使城市填充式发展。β控制景观的疏离性，当$\beta=0$时，不改变景观的疏离性；当$\beta>0$时，降低景观的疏离性，城市倾向于就近扩张；当$\beta<0$时，提高景观的疏离性，城市倾向于蛙跃式发展。在常态发展策略下，取$\alpha=1$、$\beta=0$，STAPLE模型沿用STCNN所提取的历史驱动规律开展土地利用/覆盖变化预测；在分散发展策略下，取$\alpha=0.1$、$\beta=-0.005$，STAPLE模型在参考历史规律的同时，降低斑块的紧致度、提高景观的疏离度，模拟新区优先的蔓延式发展情况；在聚集发展策略下，取$\alpha=10$、$\beta=0.01$，STAPLE模型在参考历史规律的同时，提高斑块的紧致度、降低景观的疏离度，模拟老城区优先的紧凑式发展情况。

6.3.3　暴雨洪涝缓解能力评估

UFRM是基于美国农业部水土保持局研制的SCS-CN产流模型，再根据降水量与径流量之间的水分平衡关系，评估城市自然基础设施提供的径流减少服务能力。该模型充分考虑了流域下垫面条件对水文过程的影响，将土壤类型分布、前期土壤湿润程度等因素纳入水文模型中，同时简化各因素的影响，得到了广泛的应用(Xiao et al., 2011; Yao et al., 2018; 戴开璇等, 2022)，详细介绍见3.2节。

6.3.3.1　水文土壤组分布

水文土壤组是UFRM中的重要输入之一，它根据土壤的性质给出其水分下渗能力的空间分布。根据SCS法对水文土壤组的定义(表6-2)，按照其下渗率和土壤质地，可以将土壤划分为A、B、C、D四类，其中A类产流能力最低，D类产流能力最高。

表 6-2 SCS 法对水文土壤组的定义

水文土壤组	最小下渗率/(mm/h)	土壤质地
A	>7.26	砂土、壤质砂土、砂质壤土
B	3.81～7.26	壤土、粉砂壤土
C	1.27～3.81	砂黏壤土
D	0.00～1.27	黏壤土、粉砂黏壤土、砂黏土、粉黏土、黏土

根据中国科学院资源环境科学与数据中心提供的 1∶100 万土壤类型数据[图 6-4(a)]，参考水文土壤组的定义，结合郑州市具体的水文土壤情况，将郑州市所有土壤类型合并，得到符合 UFRM 的土壤分类[图 6-4(b)]。

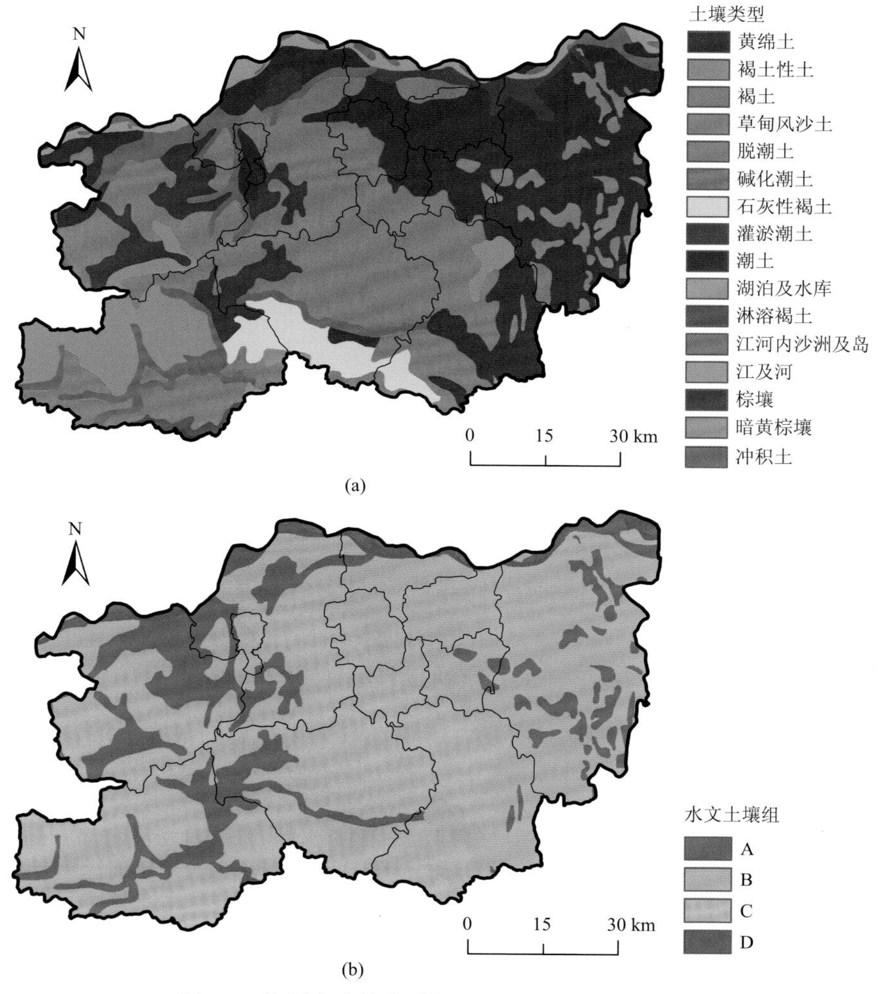

图 6-4 郑州市土壤类型(a)及水文土壤组分布(b)

6.3.3.2　模型参数 CN

CN 是 UFRM 中重要的无量纲参数，综合了影响水文过程的多个因子，包括土壤类型、土壤湿度和土地利用/覆盖状况等，其大小直接反映了流域下垫面的产流能力(Soulis and Valiantzas, 2012)。由于 CN 的大小受到降雨前土壤湿润程度的影响，SCS 模型将土壤湿润程度根据降雨事件前 5 日的总雨量划分为 3 类，分别代表干、平均、湿 3 种状态(AMC Ⅰ、AMC Ⅱ、AMC Ⅲ)。本章以平均状态(AMC Ⅱ)作为研究对象，根据美国农业部水土保持局提供的城市区域 CN 查算表，并充分参考现有的研究成果(张仁杰, 1987; 王凯, 2017; 魏文秋和谢淑琴, 1992)，结合郑州市的自然条件，确定 AMC Ⅱ 状态下的 CN 表(表 6-3)。

表 6-3　郑州市 AMC Ⅱ 状态下的 CN

土地利用/覆盖类型	水文土壤组			
	A	B	C	D
耕地	67	78	85	89
林地	25	55	70	77
灌丛及草地	39	61	74	80
水域	100	100	100	100
不透水面	77	85	90	92
裸地	72	82	88	90

6.3.3.3　极端降水量设计值

本章采用频率计算法获取郑州市不同重现期的设计降水量。我国广泛应用的水文频率曲线有两种类型，即正态分布和 Pearson-Ⅲ型分布。研究表明，后者在一定重现期极端降水的预测上能够取得较好的效果(任伯帜, 2004)。因此，本章选择 Pearson-Ⅲ概率分布曲线，充分参考现有成果(王凯, 2017)，确定郑州市不同重现期下的极端降水量，如表 6-4 所示。本章选取百年一遇的最大 24h 降水量作为一次极端降水过程的降水量设计值。

表 6-4　郑州市不同重现期降水量　　(单位：mm)

降雨频率	最大 1h 降水量	最大 6h 降水量	最大 24h 降水量
99%	19.5	28	43.3
90%	23	33.8	50.7
50% (2 年一遇)	39.3	58.8	85.2

续表

降雨频率	最大 1h 降水量	最大 6h 降水量	最大 24h 降水量
20%（5 年一遇）	59.9	94.3	133.9
10%（10 年一遇）	75.9	120.4	169.9
5%（20 年一遇）	91.3	146.6	204.9
2%（50 年一遇）	11.7	180.9	251.1
1%（100 年一遇）	126.9	206.7	287.1

6.4　研 究 结 果

6.4.1　郑州市土地利用/覆盖变化模拟

6.4.1.1　STAPLE 模型验证

使用 STAPLE 模型模拟郑州市 2010～2019 年的土地利用/覆盖变化，对模型的模拟能力进行验证。图 6-5 给出郑州市 2010 年土地利用/覆盖状况、2019 年土地

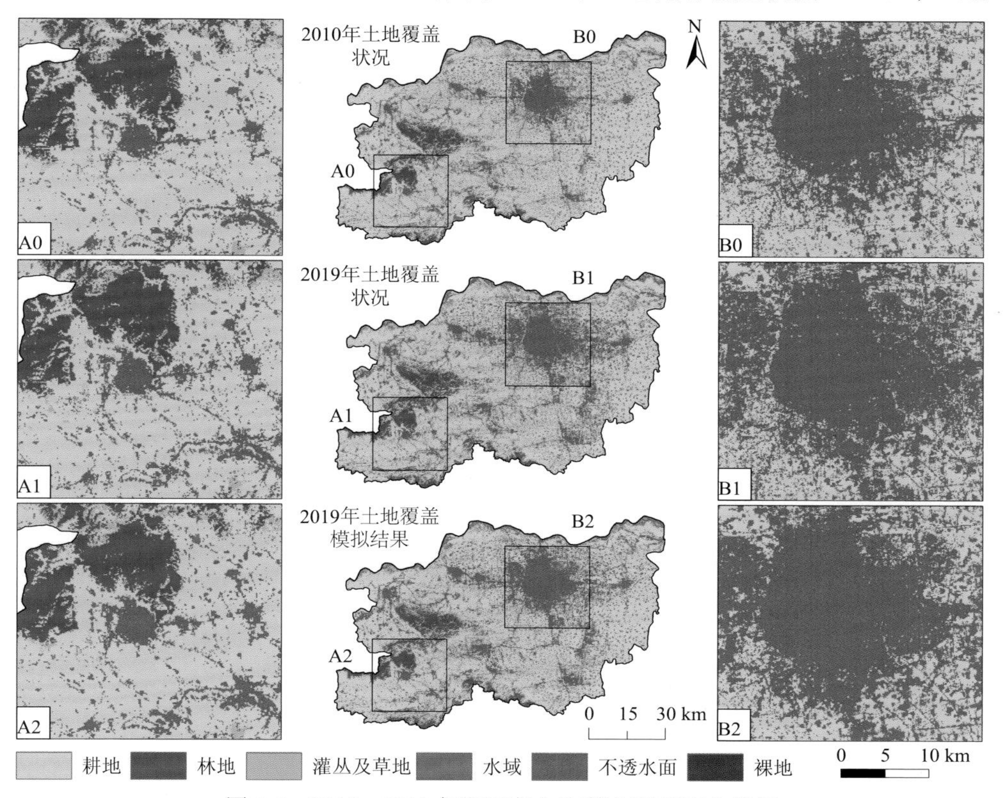

图 6-5　2010～2019 年郑州市土地利用/覆盖变化模拟

利用/覆盖状况以及 2019 年土地利用/覆盖模拟结果，并选取生态城镇交错区 A 和建成区 B 两处典型区进行放大处理。从结果可以看出，STAPLE 模型较为准确地模拟了郑州市的土地利用/覆盖变化，在整体格局和局部细节上都与实际情况具有较强的一致性。使用 FoM 指标量化郑州市土地利用/覆盖变化的模拟精度，各指标因子的分布如图 6-6 所示。STAPLE 模型模拟的 FoM 值为 29.50%，表明模型在研究区上具备了较高的精度。从分布上看，模型对不透水面扩张的模拟较为准确，误差主要来源于漏分像元和错分像元。

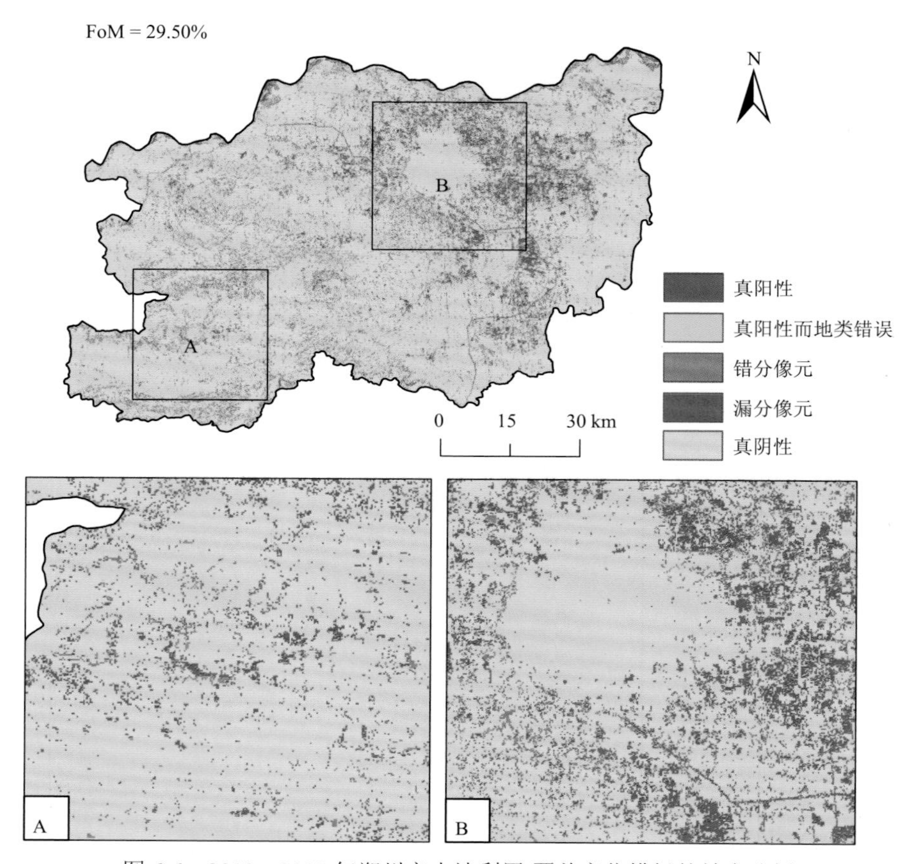

图 6-6　2010～2019 年郑州市土地利用/覆盖变化模拟的精度分析

6.4.1.2　未来情景下土地利用/覆被变化预测

不同 SSP 情景下各土地利用/覆盖类型的面积需求如图 6-7 所示，(a)～(f) 分别表示耕地、林地、灌丛及草地、水域、不透水面、裸地。2019～2035 年，SSP126

与SSP585情景的不透水面扩张幅度较为接近，并略大于SSP245情景；2035～2050年，郑州市不透水面的需求继续增加，其需求量从高到低依次是SSP126、SSP585、SSP245。相应地，耕地、灌丛及草地、水域和裸地的需求将有所降低，林地的需求将有所增加。

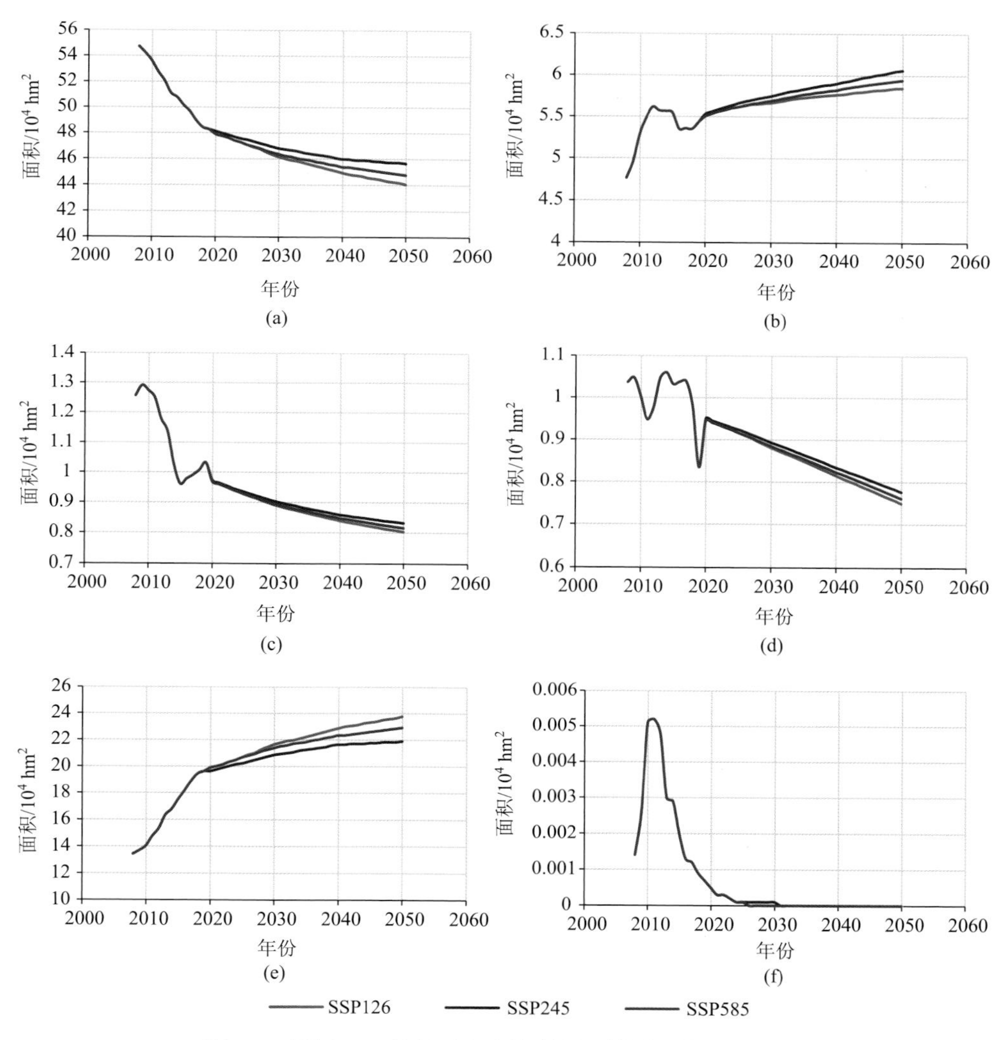

图 6-7 不同 SSP 情景下各土地利用/覆盖类型的面积需求

不同情景下 2035 年、2050 年郑州市土地利用/覆盖模拟结果分别如图 6-8 与图 6-9 所示。结果表明，郑州市未来的土地利用/覆盖变化将以不透水面对耕地的侵占为主，其中有 94%以上的不透水面扩张以占用耕地为代价。从各情景下土地

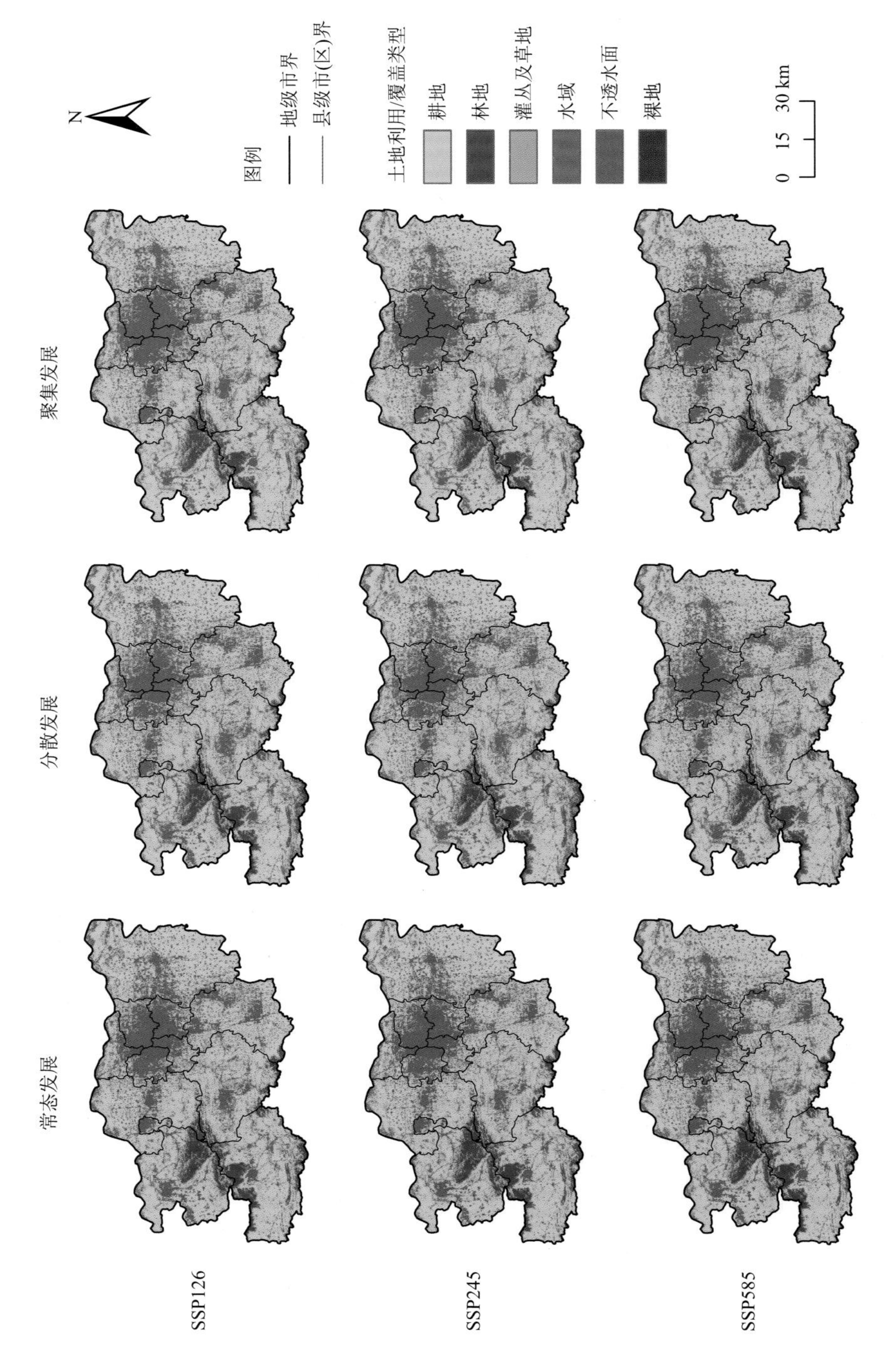

图 6-8　不同情景下 2035 年郑州市土地利用/覆盖模拟结果

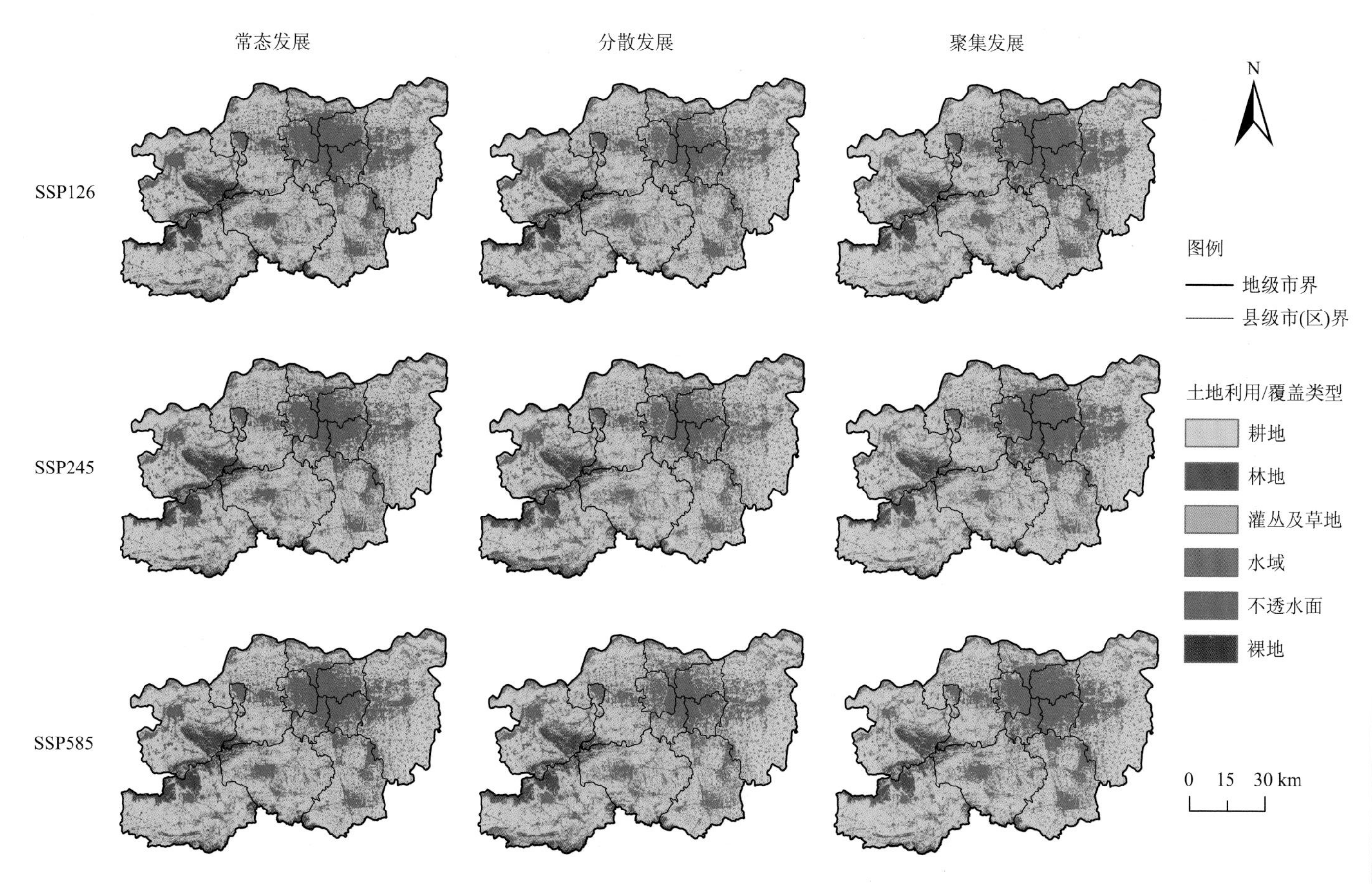

图 6-9 不同情景下 2050 年郑州市土地利用/覆盖模拟结果

面积的变化幅度看，到 2035 年，耕地面积将减少 3.42%(SSP245_s2)～4.95%(SSP126_s2)，不透水面将扩张 6.21%(SSP245_s0)～10.48%(SSP126_s2)，林地面积将增加 1.85%(SSP245_s2)～7.65%(SSP245_s0)；到 2050 年，耕地面积将减少 5.49%(SSP245_s0)～9.19%(SSP126_s2)，不透水面将扩张 9.89%(SSP245_s0)～19.24%(SSP126_s2)，林地面积将增加 4.87%(SSP245_s2)～13.1%(SSP245_s1)；其他土地利用类型由于基数较小，实际面积变化不大。从不同 SSP 情景来看，SSP126 情景下不透水面扩张更大，其耕地占用面积也最多；从不同发展策略来看，聚集发展策略(s2)更有利于不透水面的扩张，无论在何种 SSP 情景下，聚集发展策略(s2)下的不透水面扩张幅度均为最大。从土地利用/覆盖变化的格局上分析，在常态发展策略(s0)中，市辖区与五市一县将实现较为均衡的发展，不透水面均有一定幅度的扩张；在分散发展策略(s1)中，五市一县的不透水面相较于市辖区将有更大幅度的扩张；在聚集发展策略(s2)中，市辖区的不透水面相较于五市一县将会有更大幅度的扩张。

6.4.2 未来情景下郑州市暴雨洪涝缓解能力评估

6.4.2.1 2035 年、2050 年郑州市洪涝缓解能力的空间分布和面积占比

不同情景下 2035 年、2050 年郑州市洪涝缓解能力的空间分布评价结果分别如图 6-10 与图 6-11 所示。按照自然断点法，将洪涝缓解系数 R 分为 5 个等级，从低到高依次为弱($0.00 \leqslant R < 0.12$)、较弱($0.12 \leqslant R < 0.19$)、一般($0.19 \leqslant R < 0.30$)、较强($0.30 \leqslant R < 0.54$)、强($0.54 \leqslant R < 1.00$)。从洪涝缓解能力的空间分布上看，洪涝缓解能力较强的区域主要分布在郑州市西部巩义市、登封市的林地和草地区域，洪涝缓解能力较弱的区域主要分布在北部黄河干流，以及中部的市辖区、荥阳市和新密市。结合郑州市的水文土壤组分布，可以发现，新密市、荥阳市的土壤条件本身不利于城市洪涝的缓解，若建成区继续在此大规模扩张，将导致城市洪涝缓解能力进一步退化；相比之下，东部的金水区、管城回族区、中牟县、新郑市则条件较好。因此，未来的建成区不宜再向新密市、上街-荥阳组团大幅扩张，而东部的郑汴-中牟组团和航空港组团的洪涝缓解能力较强，建成区向东扩张更有利于控制极端暴雨造成的洪涝风险。

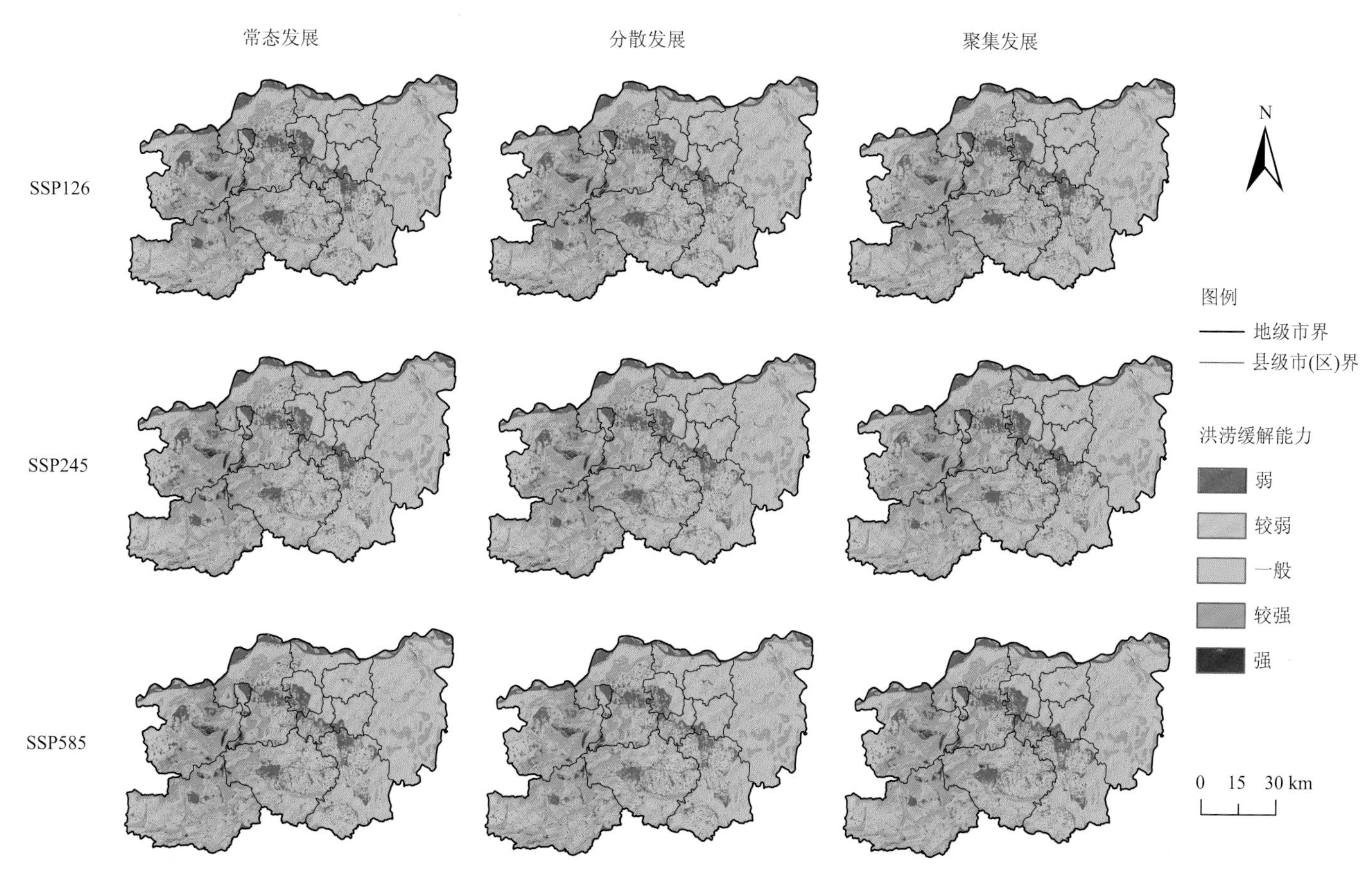

图 6-10 郑州市 2035 年洪涝缓解能力评估结果

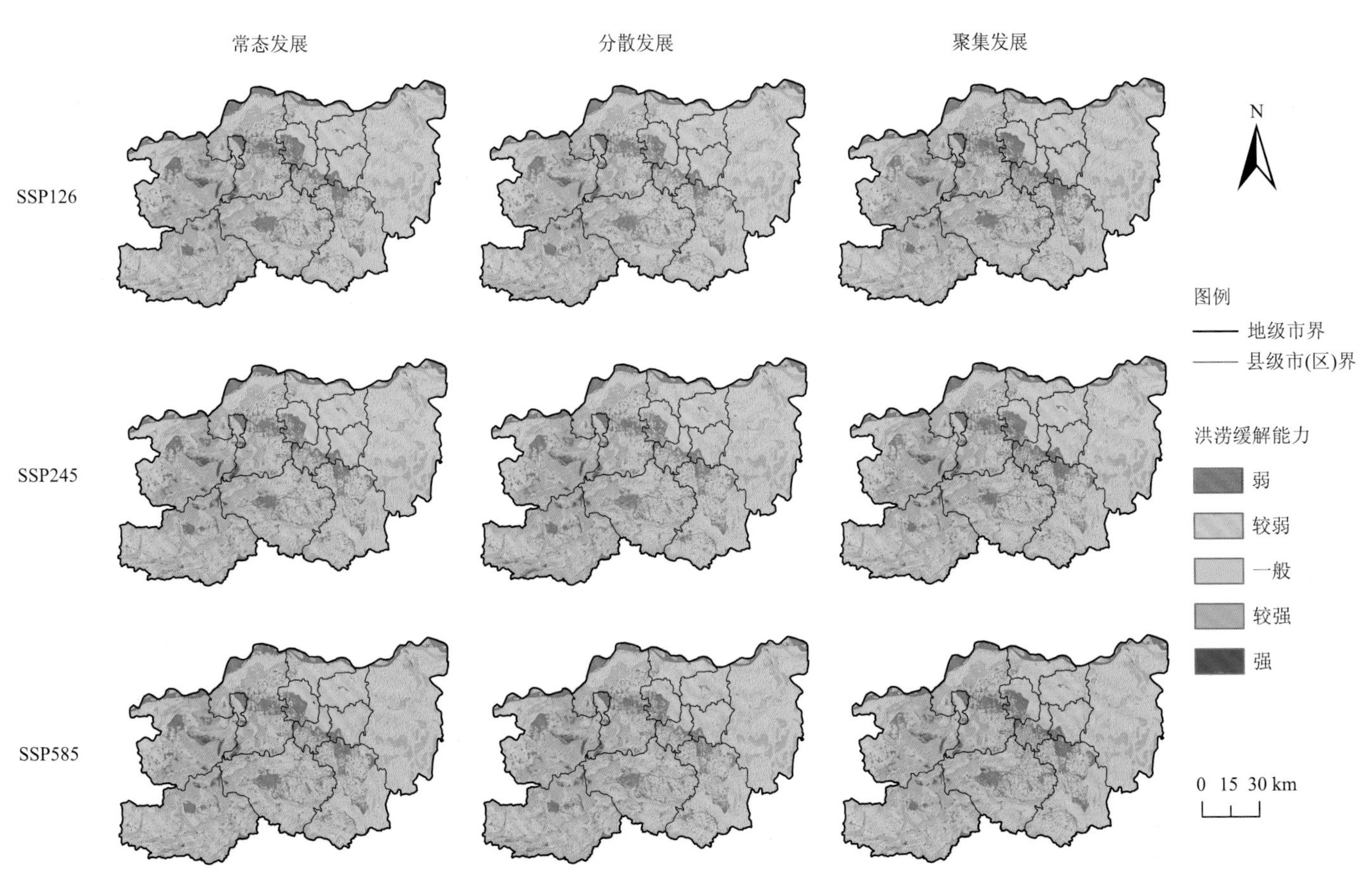

图 6-11　郑州市 2050 年洪涝缓解能力评估结果

不同情景下郑州市各等级洪涝缓解能力区域的面积占比如图 6-12 所示。从总体分布上看，未来情景下，低洪涝缓解能力（弱/较弱）区域的面积约占总面积的 55%，明显多于高洪涝缓解能力（强/较强）的区域，其中较弱洪涝缓解能力区域的面积占比最大，强洪涝缓解能力区域的面积占比最小，表明郑州市洪涝缓解能力整体处于较低水平。从总体趋势上看，2035～2050 年，各情景下弱洪涝缓解能力的区域面积都将有所增加，而强洪涝缓解能力的区域面积无明显变化，表明未来郑州市洪涝缓解能力有恶化的趋势。

从 SSP 情景上分析，SSP126 情景下弱洪涝缓解能力区域的面积占比最多，表明该发展路径下郑州市将有更多区域面临极端防洪压力。从城市景观发展策略上分析，与 s0 和 s2 相比，s1 下的低洪涝缓解能力（弱/较弱）区域的面积更少，一般洪涝缓解能力区域的面积更多，表明采取分散发展策略有利于抑制低缓解能力区的产生。

6.4.2.2 未来洪涝缓解系数的年际变化

不同情景下郑州市、市辖区、五市一县的洪涝缓解系数平均值及其年际变化趋势如图 6-13 所示。从总体上看，未来郑州市的洪涝缓解能力将与现状持平或有所下降。对郑州市而言[图 6-13（a）]，从 SSP 情景上分析，SSP126 情景将导致郑州市洪涝缓解能力下降最为严重；从城市景观发展策略上分析，聚集发展策略下洪涝缓解能力最差。具体而言，对于 SSP126，无论采取常态发展、分散发展、聚集发展中的何种城市景观发展策略，都将导致郑州市洪涝缓解系数明显下降，且三种策略的区别不大；对于 SSP245，常态发展和分散发展策略将使得洪涝缓解系数与现状基本持平，聚集发展策略则使洪涝缓解系数明显下降；对于 SSP585，尽管三种发展策略下洪涝缓解系数都会下降，但聚集发展策略的洪涝缓解系数下降最为严重。因此，对郑州市而言，应避免不透水面的聚集性扩张，而延续常态发展策略或采取分散发展策略是较为理想的发展策略。

分区域来看，市辖区内的洪涝缓解系数低于全市平均水平，五市一县则高于全市平均水平。对于市辖区[图 6-13（b）]，城市景观发展策略的影响比 SSP 的影响更大。洪涝缓解能力从高到低依次是分散发展策略、常态发展策略、聚集发展策略，表明分散发展策略能够有效遏制市辖区内洪涝缓解能力的下降，而聚集发展策略则会加剧缓解能力的下降。对于五市一县[图 6-13（c）]，SSP 的影响比城市景观发展策略的影响更大。洪涝缓解能力按从大到小的顺序依次为 SSP245、SSP585、SSP126。对于 SSP245 情景，常态发展策略将使洪涝缓解系数小幅上升；对于 SSP245 和 SSP585 情景，常态发展策略优于分散发展策略、分散发展策略优于聚集发展策略；而 SSP126 情景下，对于全市，分散发展策略最不利于洪涝缓解能力的维持。

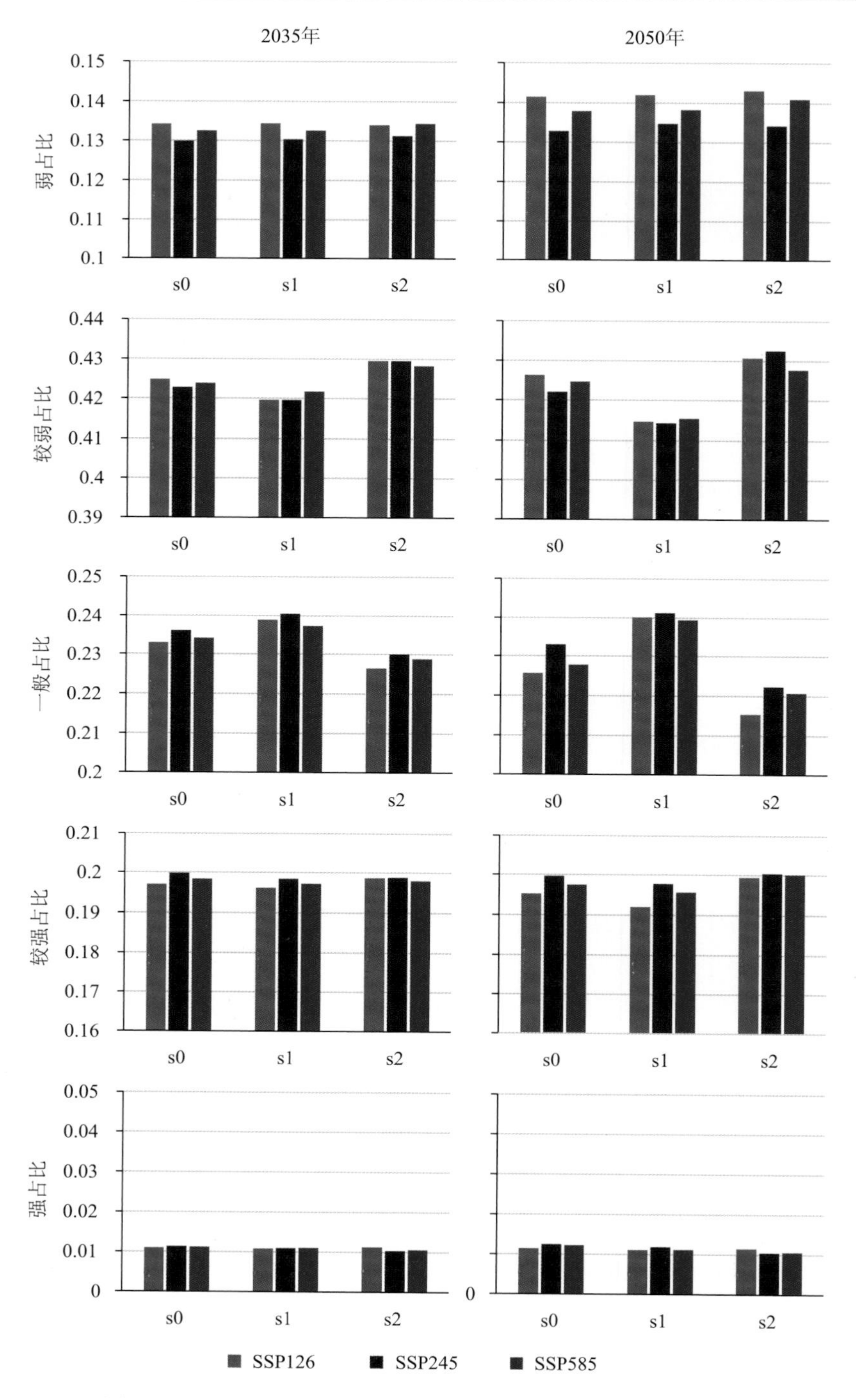

图 6-12　不同情景下各等级城市洪涝缓解能力区域的面积占比

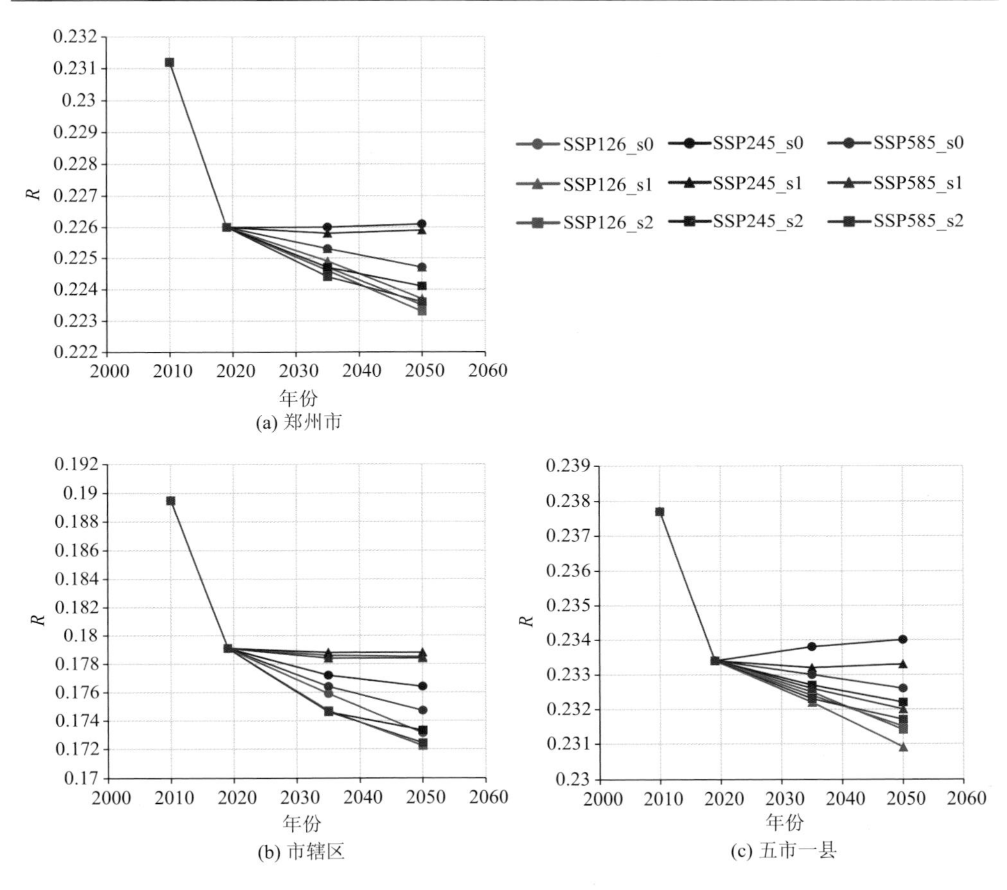

(a) 郑州市

(b) 市辖区

(c) 五市一县

图 6-13 不同情景下城市洪涝缓解系数平均值及其年际变化趋势

因此，综合上述结果，对于 SSP 情景，SSP126 情景最不利于郑州市洪涝的缓解，并且难以通过城市发展景观格局进行改善；相比而言，SSP245 则是最有利的情景，它使郑州市在城市扩张的同时维持了洪涝缓解能力。对于城市景观发展策略，聚集发展策略将导致洪涝缓解能力严重退化，尤其是大幅降低了老城区的洪涝缓解能力。统筹考虑全市情况，分散发展策略是较为理想的发展策略。这一策略将在市辖区尤其是老城区内获得良好的收益，最大限度地维持市辖区内的洪涝缓解能力，同时在 SSP245 情景下五市一县地区也取得较好的效果。但是分散发展策略在 SSP126 情景下也会增加五市一县的防洪压力。因此，为避免洪涝缓解能力进一步退化，郑州市应在 SSP245 情景下采取分散发展策略，同时尽量避免进入 SSP126 的发展路径，在新区建设中科学规划，优化防洪排水等市政基础设施建设，以此作为重要辅助，防范和化解极端暴雨下的城市洪涝风险。

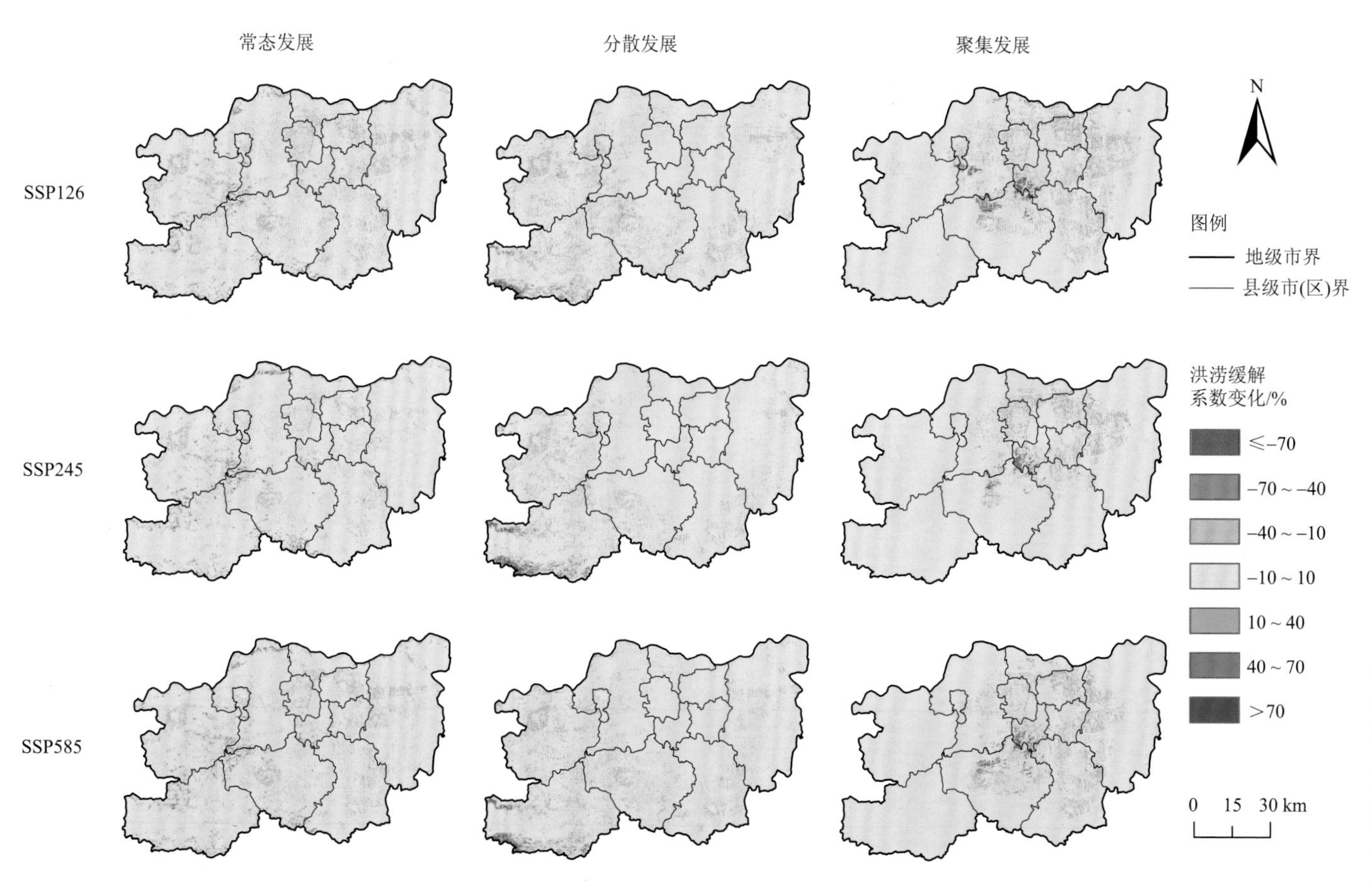

图 6-14　2019 年与 2050 年洪涝缓解系数差异的空间分布

6.4.2.3 2019 年与 2050 年洪涝缓解系数差异的空间分布

图 6-14 给出 2019 年与 2050 年洪涝缓解系数差异的空间分布，其中负数表示未来洪涝缓解能力降低，正数表示未来洪涝缓解能力提高。可以看出，各情景下，郑州市大部分区域的洪涝缓解系数保持稳定，变化幅度集中在±10%区间内。总体而言，洪涝缓解系数下降的区域多于洪涝缓解系数上升的区域。各个 SSP 情景间洪涝缓解系数变化的差异较小，按变化的剧烈程度从高到低依次为 SSP126、SSP585、SSP245。

不同城市景观发展策略间洪涝缓解系数变化的空间分布有明显差异。在常态发展策略下，洪涝缓解系数上升的区域主要分布在嵩山、伏羲山一带以及登封市、新密市南部，洪涝缓解系数增幅超 70%；洪涝缓解系数降低的区域分布较为均匀，市辖区和五市一县的建成区周边下降 10%～40%，黄河沿岸降幅最大，个别区域降幅超 90%，应成为洪涝缓解能力退化的重点关注区域。在分散发展策略下，洪涝缓解系数变化的区域集中在五市一县，登封市南部和西北部山区有超 80%的增幅，嵩山、伏羲山一带上升和下降的区域各占一半，五市一县的建成区周边有 10%～40%的降幅，但少有降幅超 40%的区域，这表明分散发展策略不会导致城市洪涝缓解能力的急剧下降，但同时也应尽量减少新区建设对当地洪涝缓解能力的不利影响。在聚集发展策略下，洪涝缓解系数变化的区域集中在市辖区及邻近的新郑市、新密市、荥阳市、中牟县，且以下降为主(10%～40%)，惠济区、金水区、中牟县北部黄河沿岸降幅较大，其降幅超过 70%，但二七区南部、新密市北部、荥阳市南部洪涝缓解系数有大幅上升，其增幅超过 70%，这表明聚集发展策略会导致上述地区洪涝缓解能力出现大幅变化，此外，聚集发展策略下还需重点防范老城区周边洪涝缓解能力退化所造成的风险隐患。

6.5 本 章 小 结

城市作为人类活动的重要场所，在追求其社会经济效益的同时，也应该兼顾其生态环境效益及其对人类安全和福祉的影响。不合理的城市化过程极大改变了下垫面的水文性质，导致自然的水文循环过程被破坏，严重削弱了生态系统对洪水的吸纳和持留能力，成为城市洪涝灾害频发的重要原因。目前，中国仍处于快速城市化时期，在今后一段时间内仍将保持可观的城市扩张速度。因此，如何选择合理的城市扩张策略，尽可能减少其对洪涝缓解能力的不利影响，是政府和学术界关注的热点问题。

郑州市作为国家中心城市，地处“两纵三横”城市化战略格局的交会处，具有较大发展潜力。为引导发展建设，郑州市编制了“一主一城三区四组团”的发展布局。然而，“7·20”暴雨引发的城市洪涝再次为这座城市敲响了警钟。本章以郑州市为例，通过耦合土地利用/覆盖变化模拟模型和城市洪涝缓解能力评估模型，探究未来不同发展情景下郑州市应对百年一遇暴雨事件的洪涝缓解能力，结果如下。

郑州市洪涝缓解能力整体处于较低水平，且随城市扩张有进一步恶化的趋势。对于 SSP 情景，SSP126 情景最不利于郑州市洪涝的缓解，一方面该情景将导致区域内洪涝缓解系数下降最为严重，另一方面有更多区域将面临极端防洪压力；相比而言，SSP245 则是最有利的情景，它使郑州市在城市扩张的同时维持了洪涝缓解能力。对于城市景观发展策略，分散发展策略是较为理想的发展策略，而聚集发展策略则将导致洪涝缓解能力严重退化。综合考虑，为避免洪涝缓解能力进一步退化，郑州市应在 SSP245 路径下采取分散发展策略，同时尽量避免进入 SSP126 的发展路径。

基于以上结果，结合郑州市未来发展规划，本章给出以下 3 则政策启示，以期为郑州城市发展和防洪减灾能力建设提供参考依据。

(1) 从空间格局上看，未来的建成区不宜再向新密市、上街-荥阳组团大幅扩张，而东部的郑汴-中牟组团和航空港组团自然条件较好，建成区向东扩张更有利于控制极端暴雨造成的洪涝。

(2) 在未来发展中，郑州市应尽可能采取分散发展策略，即一方面控制主城区规模，避免进行“摊大饼”式的扩张，尤其不应侵占黄河滩区以及主城区周边的生态廊道；另一方面城市发展应该着力于外围组团，发挥卫星城作用，疏解主城区大面积不透水面造成的城市洪涝。

(3) 尽管分散发展策略在总体上有利于郑州市洪涝的缓解，但伴随着新区组团的发展建设，五市一县的耕地资源和生态空间将难免受到侵占，使外围组团地区的洪涝缓解能力有所下降。因此，在新区建设中，应科学细致地进行“三区三线”的规划布局，尽量减少新区建设对当地洪涝缓解能力的不利影响，同时加强市政排水设施建设，维护顺畅的水文循环过程。

参考文献

蔡玉梅, 刘彦随, 宇振荣, 等. 2004. 土地利用变化空间模拟的进展——CLUE-S 模型及其应用. 地理科学进展, (4): 63-71, 115.

陈浩, 徐宗学, 向代峰, 等. 2021. 以深圳河流域为例分析粤港澳大湾区城市洪涝及其成因. 中国防汛抗旱, 31(11): 14-19.

陈俊明. 2020. 基于 SCS-CN 福州城区洪涝风险空间划分与特征分析. 地理空间信息, 18(4): 92-95, 124.

陈文龙, 杨芳, 宋利祥, 等. 2021. 高密度城市暴雨洪涝防御对策——郑州"7·20"特大暴雨启示. 中国水利, 15: 18-20, 23.

陈筱云. 2013. 北京"7·21"和深圳"6·13"暴雨洪涝成因对比与分析. 水利发展研究, (1): 53-57.

陈易偲. 2021. 珠三角地区城镇化进程中降雨及洪涝风险变化特征. 广州: 华南理工大学.

程江, 杨凯, 刘兰岚, 等. 2010. 上海中心城区土地利用变化对区域降雨径流的影响研究. 自然资源学报, 25(6): 914-925.

程雪蓉, 任立良, 杨肖丽, 等. 2016. CMIP5 多模式对中国及各分区气温和降水时空特征的预估. 水文, 36(4): 37-43.

戴开璇, 沈石, 程昌秀, 等. 2022. 青藏高原城市洪涝缓解能力评估——以拉萨市为例. 北京师范大学学报(自然科学版), 58(2): 318-327.

邓婧, 唐文武, 刘润润, 等. 2013. FUTURES: 一种新型区域城市增长模型. 地理科学进展, 32(1): 41-48.

丁锶湲, 王宁, 倪丽丽, 等, 2022. 基于 SCS-CN 与 GIS 耦合模型的闽三角城市群承灾空间淹没风险研究. 灾害学, 37(1): 171-177.

方建, 杜鹃, 徐伟, 等. 2014. 气候变化对洪水灾害影响研究进展.地球科学进展, 29(9): 1085-1093.

符素华, 王向亮, 王红叶, 等. 2012. SCS-CN 径流模型中 CN 值确定方法研究. 干旱区地理, 35: 7.

傅伯杰, 陈利顶, 王军, 等. 2003. 土地利用结构与生态过程. 第四纪研究, (3): 247-255.

郭春华, 朱秀芳, 张世喆, 等. 2022. 基于 CMIP6 的中国未来高温危险性变化评估. 地球信息科学学报, 24(7): 1391-1405.

国务院灾害调查组. 2022. 河南郑州"7·20"特大暴雨灾害调查报告.

韩宝龙, 欧阳志云. 2021. 城市生态智慧管理系统的生态系统服务评估功能与应用. 生态学报, 41(22): 8697.

何春阳, 史培军, 陈晋, 等. 2005. 基于系统动力学模型和元胞自动机模型的土地利用情景模型研究. 中国科学(D 辑: 地球科学), (5): 464-473.

侯蕊, 李红波, 高艳丽. 2021. 基于景观格局的武汉市江夏区土地利用生态风险评价. 水土保持研究, 28(1): 323-330, 403.
胡巍巍, 王根绪, 邓伟. 2008. 景观格局与生态过程相互关系研究进展. 地理科学进展, (1): 18-24.
胡鑫伟, 陈文龙, 宋利祥, 等. 2021. 粤港澳大湾区城市暴雨洪涝防治能力现状与韧性防治对策. 中国防汛抗旱, 31: 6.
黄国如, 王欣, 黄维, 2017. 基于 InfoWorks ICM 模型的城市暴雨洪涝模拟. 水电能源科学, 35(2): 60, 66-70.
黄华兵, 王先伟, 柳林. 2021. 城市暴雨内涝综述: 特征、机理、数据与方法. 地理科学进展, 40(6): 1048-1059.
黄磊, 王长科, 巢清尘. 2020. IPCC《气候变化与土地特别报告》解读. 气候变化研究进展, (1): 1-8.
江颂, 蒙吉军, 陈奕云. 2019. 黑河中游土地利用与景观格局的水文效应分析. 中国水土保持科学, 17(1): 64-73.
姜彤, 吕嫣冉, 黄金龙, 等. 2020. CMIP6 模式新情景(SSP-RCP)概述及其在淮河流域的应用. 气象科技进展, 10(5): 102-109.
姜彤, 苏布达, 王艳君, 等. 2022. 共享社会经济路径（SSPs）人口和经济格点化数据集. 气候变化研究进展, 18(3): 381-383.
蒋春博, 李家科, 高佳玉, 等. 2021. 海绵城市建设雨水基础设施优化配置研究进展. 水力发电学报, 40(3): 19-29.
靳俊芳. 2015. 近 50a 来我国东部季风区典型城市极端气候事件与城市内涝研究. 西安：陕西师范大学.
孔锋. 2021. 我国城市暴雨洪涝灾害风险综合治理初探. 中国减灾, (17): 23-27.
孔锋. 2022. 透视气候巨灾频发背景下中国城市暴雨内涝灾害风险的综合治理//河海大学, 河北工程大学. 2021 首届城市水利与洪涝防治研讨会论文集.
李孝永, 匡文慧. 2020. 北京城市土地利用/覆盖变化及其对雨洪调节服务的影响. 生态学报, 40(16): 5525-5533.
李瑶, 胡潭高, 潘骁骏, 等. 2017. 城市洪涝灾害模拟与灾情风险评估研究进展. 地理信息世界, 24(6): 42-49.
李莹, 赵珊珊. 2022. 2001—2020 年中国洪涝灾害损失与致灾危险性研究. 气候变化研究进展, 18(2): 154-165.
廖佳卉, 周安娜, 裘鸿菲. 2020. 城市绿地雨洪调蓄能力研究综述. 华中建筑, 38(8): 5-9.
刘珍环, 李猷, 彭建. 2011. 城市不透水表面的水环境效应研究进展. 地理科学进展, 30(3): 275-281.
马丽君, 王传涛, 王雯军, 等. 2022. 基于 SCS-CN 模型的郑州市区域产流特征研究. 水土保持通报, 42(4): 203-209, 381.
孟丹, 宫辉力, 李小娟, 等. 2017. 北京 7·21 暴雨时空分布特征及热岛-雨岛响应关系. 国土资源遥感, 29(1): 178-185.
彭建, 魏海, 武文欢, 等. 2018. 基于土地利用变化情景的城市暴雨洪涝灾害风险评估——以深圳市茅洲河流域为例. 生态学报, 38(11): 3741-3755.
彭云飞. 2018. 面向生态安全的城市土地利用优化模拟. 武汉: 武汉大学.
秦大河, 张建云, 闪淳昌. 2015. 中国极端天气气候事件和灾害风险管理与适应国家评估报告. 北京: 科学出版社.
秦大河. 2003. 气候变化的事实与影响及对策. 中国科学基金, (1): 3-5.
任伯帜. 2004. 城市设计暴雨及雨水径流计算模型研究. 重庆: 重庆大学.
宋晓猛, 张建云, 王国庆, 等. 2014. 变化环境下城市水文学的发展与挑战——II. 城市雨洪模拟与管理. 水科学进展, 25(5): 752-764.
苏常红, 傅伯杰. 2012. 景观格局与生态过程的关系及其对生态系统服务的影响. 自然杂志, 34(5): 277-283.
苏伟忠, 杨桂山, 陈爽. 2012. 城市空间扩展对区域洪涝孕灾环境的影响. 资源科学, 34(5): 933-939.
孙济良, 秦大庸. 1989. 水文频率分析通用模型研究. 水利学报, 4: 1-10.
孙继松, 雷蕾, 于波, 等. 2015. 近 10 年北京地区极端暴雨事件的基本特征. 气象学报, 73(4): 609-623.
唐明秀, 孙劭, 朱秀芳, 等. 2022. 基于 CMIP6 的中国未来暴雨危险性变化评估. 地球科学进展, 37(5): 519-534.
唐钰嫣, 潘耀忠, 范津津, 等. 2021. 土地利用景观格局对城市洪涝灾害风险的影响研究. 水利水电技术(中英文), 52(12): 1-11.
王浩, 梅超, 刘家宏. 2017. 海绵城市系统构建模式. 水利学报, 48(9): 1009-1014.
王凯. 2017. 基于雨洪安全的郑州市景观格局优化研究. 郑州: 河南农业大学.
王丽艳, 张学儒, 张华, 等. 2010. CLUE-S 模型原理与结构及其应用进展. 地理与地理信息科学, 26(3): 73-77.
王伟武, 汪琴, 林晖, 等. 2015. 中国城市洪涝研究综述及展望. 城市问题, 10: 24-28.
魏文秋, 谢淑琴. 1992. 遥感资料在 SCS 模型产流计算中的应用. 环境遥感, 4: 243-250.
吴佳, 高学杰. 2013. 一套格点化的中国区域逐日观测资料及与其他资料的对比. 地球物理学报, 56(4): 1102-1111.
吴健生, 冯喆, 高阳, 等. 2012. CLUE-S 模型应用进展与改进研究. 地理科学进展, 31(1): 3-10.
吴健生, 张朴华. 2017. 城市景观格局对城市洪涝的影响研究——以深圳市为例. 地理学报, 72(3): 444-456.
吴玉成. 2011. 我国城市内涝灾害频发原因分析. 中国防汛抗旱, 21(6): 7-8, 15.
谢一茹, 高培超, 叶思菁, 等. 2022. 面向土地变化模拟的 CLUMondo 模型: 回顾与展望. 地理信息世界, 29(3): 7-12.
新华社. 2019. 中共中央 国务院印发《粤港澳大湾区发展规划纲要》. 中华人民共和国国务院公报.
新华社. 2022. 河南郑州“7·20”特大暴雨灾害调查报告公布. 中国防汛抗旱, 32(2): 5.
邢玮. 2019. 基于 CLUMondo 模型的横断山区土地利用变化模拟. 兰州: 兰州交通大学.
熊华, 刘耀林, 车珊珊, 等. 2009. 基于支持向量机的土地利用变化模拟模型. 武汉大学学报(信息科学版), 34(3): 366-369.

徐宗学, 叶陈雷. 2021. 从“城市看海”到“城市看江”：极端暴雨情景下福州市洪涝过程模拟与风险分析. 中国防汛抗旱, 31(9): 12-20.

杨钢, 徐宗学, 赵刚, 等. 2018. 基于SWMM模型的北京大红门排水区雨洪模拟及LID效果评价. 北京师范大学学报(自然科学版), 54(5): 628-634.

杨国清, 刘耀林, 吴志峰. 2007. 基于CA-Markov模型的土地利用格局变化研究. 武汉大学学报(信息科学版), (5): 414-418.

姚磊, 卫伟, 于洋, 等. 2015. 基于GIS和RS技术的北京市功能区产流风险分析. 地理学报, 70(2): 308-318.

叶高斌, 苏伟忠, 孙小祥. 2018. 基于Dyna-CLUE模型的太湖流域建设用地空间扩张模拟. 长江流域资源与环境, 27(4): 725-734.

尹家波, 郭生练, 顾磊, 等. 2021. 中国极端降水对气候变化的热力学响应机理及洪水效应. 科学通报, 66(33): 4315-4325.

袁艺, 史培军, 刘颖慧, 等. 2003. 土地利用变化对城市洪涝灾害的影响. 自然灾害学报, 12: 8.

袁玉, 方国华, 陆承璇, 等. 2020. 基于景观生态学的城市化背景下洪灾风险评估. 地理学报, 75(9): 1921-1933.

翟盘茂, 周佰铨, 陈阳, 等. 2021. 气候变化科学方面的几个最新认知. 气候变化研究进展, 17(6): 629-635.

张冬冬, 严登华, 王义成, 等. 2014. 城市洪涝灾害风险评估及综合应对研究进展. 灾害学, 29: 6.

张建云, 宋晓猛, 王国庆, 等. 2014. 变化环境下城市水文学的发展与挑战——I. 城市水文效应. 水科学进展, 25(4): 594-605.

张建云, 王银堂, 贺瑞敏, 等. 2016. 中国城市洪涝问题及成因分析. 水科学进展, 27(4): 485-491.

张仁杰. 1987. 从遥感信息到水文模型参数. 遥感信息, 1: 13-16.

张世伟, 魏璐瑶, 金星星, 等. 2020. 基于FLUS-UGB的县域土地利用模拟及城镇开发边界划定研究. 地球信息科学学报, 22(9): 1848-1859.

张旭兆, 林蓉璇, 徐辉荣, 等. 2019. 基于MIKE URBAN的广州市东濠涌片区暴雨洪涝模拟研究. 人民珠江, 40(7): 12-17, 23.

赵丽元, 韦佳伶. 2020. 城市建设对暴雨内涝空间分布的影响研究——以武汉市主城区为例. 地理科学进展, 39(11): 1898-1908.

周波涛, 蔡怡亨, 韩振宇. 2021. 中国区域性暴雨事件未来变化: RegCM4动力降尺度集合预估. 地学前缘, (5): 410-419.

周宏, 刘俊, 高成, 等. 2018. 我国城市洪涝防治现状及问题分析. 灾害学, 33(3): 147-151.

朱文彬, 孙倩莹, 李付杰, 等. 2019. 厦门市城市绿地雨洪减排效应评价. 环境科学研究, 32(1): 74-84.

Aerts J C J H, Botzen W J, Clarke K C, et al. 2018. Integrating human behaviour dynamics into flood disaster risk assessment. Nature Climate Change, 8: 193-199.

Basse R M, Omrani H, Charif O, et al. 2014. Land use changes modelling using advanced methods:

cellular automata and artificial neural networks. The spatial and explicit representation of land cover dynamics at the cross-border region scale. Applied Geography, 53: 160-171.

Batisani N, Yarnal B. 2009. Urban expansion in Centre County, Pennsylvania: spatial dynamics and landscape transformations. Applied Geography, 29 (2) : 235-249.

Bradley A P. 1997. The use of the area under the roc curve in the evaluation of machine learning algorithms. Pattern Recognition, 30 (7) : 1145-1159.

Brown D G, Page S, Riolo R, et al. 2005. Path dependence and the validation of agent-based spatial models of land use. International Journal of Geographical Information Science, 19 (2) : 153-174.

Camorani G, Castellarin A, Brath A. 2005. Effects of land-use changes on the hydrologic response of reclamation systems. Physics and Chemistry of the Earth, Parts A/B/C, 30: 561-574.

Cao M, Tang G, Shen Q, et al. 2015. A new discovery of transition rules for cellular automata by using cuckoo search algorithm. International Journal of Geographical Information Science, 29 (5) : 806-824.

Chen Y, Guo F, Wang J, et al. 2020. Provincial and gridded population projection for China under shared socioeconomic pathways from 2010 to 2100. Scientific Data, 7 (1) : 83.

Chini L P,Hurtt G C,Sahajpal S, et al. 2020. LUH2-ISIMIP2b Harmonized Global Land Use for the Years 2015-2100. ORNL DAAC, Oak Ridge, Tennessee, USA.

Dai K, Shen S, Cheng C, et al. 2020. Trade-off relationship of arable and ecological land in urban growth when altering urban form: a case study of Shenzhen, China. Sustainability, 12 (23) : 10041.

Debonne N, Van Vliet J, Heinimann A, et al. 2018. Representing large-scale land acquisitions in land use change scenarios for the Lao PDR. Regional Environmental Change, 18 (6) : 1857-1869.

Ding W, Wang R, Wu D, et al. 2013. Cellular automata model as an intuitive approach to simulate complex land-use changes: an evaluation of two multi-state land-use models in the Yellow River Delta. Stochastic Environmental Research and Risk Assessment, 27 (4) : 899-907.

Dorning M A, Koch J, Shoemaker D A, et al. 2015. Simulating urbanization scenarios reveals tradeoffs between conservation planning strategies. Landscape and Urban Planning, 136: 28-39.

Fawcett T. 2006. An introduction to ROC analysis. Pattern Recognition Letters, 27 (8) : 861-874.

Feng Y, Tong X. 2018. Dynamic land use change simulation using cellular automata with spatially nonstationary transition rules. GIScience & Remote Sensing, 55 (5) : 678-698.

Fitzgerald J, Laufer J. 2017. Governing green stormwater infrastructure: the Philadelphia experience. Local Environment, 22 (2) : 256-268.

Gagné S A, Fahrig L. 2011. Do birds and beetles show similar responses to urbanization?. Ecological Applications, 21 (6) : 2297-2312.

Geng J, Shen S, Cheng C, et al. 2022. A hybrid spatiotemporal convolution-based cellular automata model (ST-CA) for land-use/cover change simulation. International Journal of Applied Earth Observation and Geoinformation, 110: 102789.

Gharaibeh A, Shaamala A, Obeidat R, et al. 2020. Improving land-use change modeling by integrating ANN with Cellular Automata-Markov Chain model. Heliyon, 6(9): e05092.

Goodfellow I, Bengio Y, Courville A. 2016. Deep Learning. Cambridge: The MIT Press.

Grekousis G. 2019. Artificial neural networks and deep learning in urban geography: a systematic review and meta-analysis. Computers, Environment and Urban Systems, 74: 244-256.

Hamel P, Guerry A D, Polasky S, et al. 2021. Mapping the benefits of nature in cities with the InVEST software. NPJ Urban Sustainability, 1(1): 25.

He C, Li J, Zhang X, et al. 2017. Will rapid urban expansion in the drylands of northern China continue: a scenario analysis based on the Land Use Scenario Dynamics-urban model and the Shared Socioeconomic Pathways. Journal of Cleaner Production, 165: 57-69.

He C, Okada N, Zhang Q, et al. 2006. Modeling urban expansion scenarios by coupling cellular automata model and system dynamic model in Beijing, China. Applied Geography, 26(3): 323-345.

He C, Okada N, Zhang Q, et al. 2008. Modelling dynamic urban expansion processes incorporating a potential model with cellular automata. Landscape and Urban Planning, 86(1): 79-91.

He C, Zhao Y, Huang Q, et al. 2015. Alternative future analysis for assessing the potential impact of climate change on urban landscape dynamics. Science of the Total Environment, 532: 48-60.

He C, Zhao Y, Tian J, et al. 2013. Modeling the urban landscape dynamics in a megalopolitan cluster area by incorporating a gravitational field model with cellular automata. Landscape and Urban Planning, 113: 78-89.

He J, Li X, Yao Y, et al. 2018. Mining transition rules of cellular automata for simulating urban expansion by using the deep learning techniques. International Journal of Geographical Information Science, 32(10): 2076-2097.

He T, Zhang Z, Zhang H, et al. 2019. Bag of tricks for image classification with convolutional neural networks//2019 IEEE CVF Conference Computer Vision and Pattern Recognition CVPR 2019. Los Alamitos: IEEE Computer Soc: 558-567.

Hong Y, Adler F R. 2008. Estimation of global SCS curve numbers using satellite remote sensing and geospatial data. International Journal of Remote Sensing, 29(1/2): 471-477.

Hu S, Fan Y, Zhang T. 2020. Assessing the effect of land use change on surface runoff in a rapidly urbanized city: a case study of the central area of Beijing. Land, 9(1): 17.

Ji S, Xu W, Yang M, et al. 2013. 3D convolutional neural networks for human action recognition. IEEE Transactions on Pattern Analysis and Machine Intelligence, 35(1): 221-231.

Kadaverugu A, Kadaverugu R, Chintala N, et al. 2022. Flood vulnerability assessment of urban micro-watersheds using multi-criteria decision making and InVEST model: a case of Hyderabad City, India. Modeling Earth Systems and Environment, 8(3): 3447-3459.

Kadaverugu A, Nageshwar R, Viswanadh G. 2021. Quantification of flood mitigation services by urban green spaces using InVEST model: a case study of Hyderabad City, India. Modeling Earth Systems and Environment, 7(1): 589-602.

Kim H W, Park Y. 2016. Urban green infrastructure and local flooding: the impact of landscape patterns on peak runoff in four Texas MSAs. Applied Geography, 77: 72-81.

Kingma D, Ba J. 2014. Adam: a method for stochastic optimization. Computer Science, (9).

Koch J, Dorning M A, van Berkel D B, et al. 2019. Modeling landowner interactions and development patterns at the urban fringe. Landscape and Urban Planning, 182: 101-113.

Kremer P, Hamstead Z A, McPhearson T. 2016. The value of urban ecosystem services in New York City: a spatially explicit multicriteria analysis of landscape scale valuation scenarios. Environmental Science & Policy, 62: 57-68.

Krizhevsky A, Sutskever I, Hinton G E. 2017. ImageNet classification with deep convolutional neural networks. Communications of the ACM, 60 (6) : 84-90.

Lambin E F, Turner B L, Geist H J, et al. 2001. The causes of land-use and land-cover change: moving beyond the myths. Global Environmental Change, 11 (4) : 261-269.

Lapointe M, Rochman C M, Tufenkji N. 2022. Sustainable strategies to treat urban runoff needed. Nature Sustainability, 5 (5) : 366-369.

Lee Y, Brody S D. 2018. Examining the impact of land use on flood losses in Seoul, Korea. Land Use Policy, 70: 500-509.

Li C, Liu M, Hu Y, et al. 2018. Effects of urbanization on direct runoff characteristics in urban functional zones. Science of the Total Environment, 643: 301-311.

Li F, Chen J, Liu Y, et al. 2019. Assessment of the impacts of land use/cover change and rainfall change on surface runoff in China. Sustainability, 11 (13) : 3535.

Li X, Yeh A G O. 2000. Modelling sustainable urban development by the integration of constrained cellular automata and GIS. International Journal of Geographical Information Science, 14 (2) : 131-152.

Lian H, Yen H, Huang J C, et al. 2020. CN-China: revised runoff curve number by using rainfall-runoff events data in China. Water Research, 177: 115767.

Liang X, Guan Q, Clarke K C, et al. 2021. Understanding the drivers of sustainable land expansion using a patch-generating land use simulation (PLUS) model: a case study in Wuhan, China. Computers, Environment and Urban Systems, 85: 101569.

Liang X, Liu X, Li D, et al. 2018a. Urban growth simulation by incorporating planning policies into a CA-based future land-use simulation model. International Journal of Geographical Information Science, 32 (11) : 2294-2316.

Liang X, Liu X, Li X, et al. 2018b. Delineating multi-scenario urban growth boundaries with a CA-based FLUS model and morphological method. Landscape and Urban Planning, 177: 47-63.

Liu J, Zhang X, Wang H. 2013. Flood risk mapping for different landuse senarios based on RS and GIS. Progress in Environmental Protection and Processing of Resource, 295-298: 2415.

Liu X, Hu G, Ai B, et al. 2018. Simulating urban dynamics in China using a gradient cellular automata model based on S-shaped curve evolution characteristics. International Journal of Geographical Information Science, 32 (1) : 73-101.

Liu X, Liang X, Li X, et al. 2017. A future land use simulation model (FLUS) for simulating multiple land use scenarios by coupling human and natural effects. Landscape and Urban Planning, 168: 94-116.

McGarigal K. 2015. FRAGSTATS Help. Amherst, MA, USA: University of Massachusetts, 182.

Meentemeyer R K, Tang W, Dorning M A, et al. 2013. FUTURES: multilevel simulations of emerging urban–rural landscape structure using a stochastic patch-growing algorithm. Annals of the Association of American Geographers, 103(4): 785-807.

Miller N L, Hayhoe K, Jin J, et al. 2008. Climate, extreme heat, and electricity demand in California. Journal of Applied Meteorology and Climatology, 47: 1834-1844.

Mori S, Pacetti T, Brandimarte L, et al. 2021. A methodology for assessing spatio-temporal dynamics of flood regulating services. Ecological Indicators, 129: 107963.

Murakami D, Yoshida T, Yamagata Y. 2021. Gridded GDP projections compatible with the five SSPs (shared socioeconomic pathways). Frontiers in Built Environment, 7: 760306.

Natural Capital Project. 2021. Urban Flood Risk Mitigation model — InVEST documentation. http://releases. naturalcapitalproject. org/invest-userguide/latest/urban_flood_mitigation. html. [2021-09-09].

Nedkov S, Burkhard B. 2012. Flood regulating ecosystem services—Mapping supply and demand, in the Etropole municipality, Bulgaria. Ecological Indicators, 21: 67-79.

Pamukcu-Albers P, Ugolini F, La Rosa D, et al. 2021. Building green infrastructure to enhance urban resilience to climate change and pandemics. Landscape Ecology, 36(3): 665-673.

Pan X D, Zhang L, Huang C L. 2020. Future Climate Projection in Northwest China With RegCM4. 6. Earth and Space Science, 7(2): 1-18.

Peng J, Wang A, Luo L, et al. 2019. Spatial identification of conservation priority areas for urban ecological land: an approach based on water ecosystem services. Land Degradation & Development, 30(6): 683-694.

Petrasova A, Petras V, van Berkel D, et al. 2016. Open source approach to urban growth simulation. The International Archives of the Photogrammetry, Remote Sensing and Spatial Information Sciences, XLI-B7: 953-959.

Pontius R G, Boersma W, Castella J C, et al. 2008. Comparing the input, output, and validation maps for several models of land change. The Annals of Regional Science, 42(1): 11-37.

Prechelt L. 1998a. Automatic early stopping using cross validation: quantifying the criteria. Neural Networks, 11(4): 761-767.

Prechelt L. 1998b. Early stopping - But when?//Orr G B, Muller K R. Neural Networks: Tricks of the Trade. Berlin: Springer-Verlag: 55-69.

Prokešová R, Horáčková Š, Snopková Z. 2022. Surface runoff response to long-term land use changes: spatial rearrangement of runoff-generating areas reveals a shift in flash flood drivers. Science of the Total Environment, 815: 151591.

Qi W, Ma C, Xu H, et al. 2021. A review on applications of urban flood models in flood mitigation strategies. Natural Hazards, 108(1): 31-62.

Quagliolo C, Comino E, Pezzoli A. 2021. Experimental flash floods assessment through urban flood risk mitigation (UFRM) model: the case study of ligurian coastal cities. Frontiers in Water, 3: 663378.

Ren Y, Lu Y, Comber A, et al. 2019. Spatially explicit simulation of land use/land cover changes: current coverage and future prospects. Earth-Science Reviews, 190: 398-415.

Rentschler J, Salhab M, Jafino B A. 2022. Flood exposure and poverty in 188 countries. Nature Communications, 13: 3527.

Ross C W, Prihodko L, Anchang J, et al. 2018. Global Hydrologic Soil Groups (HYSOGs250m) for Curve Number-Based Runoff Modeling. ORNL Distributed Active Archive Center.

Sanchez G M, Terando A, Smith J W, et al. 2020. Forecasting water demand across a rapidly urbanizing region. The Science of the Total Environment, 730: 139050.

Santé I, García A M, Miranda D, et al. 2010. Cellular automata models for the simulation of real-world urban processes: a review and analysis. Landscape and Urban Planning, 96(2): 108-122.

Schmidhuber J. 2015. Deep learning in neural networks: an overview. Neural Networks, 61: 85-117.

Schulp C J E, Nabuurs G J, Verburg P H. 2008. Future carbon sequestration in Europe—Effects of land use change. Agriculture, Ecosystems & Environment, 127(3-4): 251-264.

Shafizadeh-Moghadam H, Tayyebi A, Helbich M. 2017. Transition index maps for urban growth simulation: application of artificial neural networks, weight of evidence and fuzzy multi-criteria evaluation. Environmental Monitoring and Assessment, 189(6): 300.

Shen J, Du S, Huang Q, et al. 2019. Mapping the city-scale supply and demand of ecosystem flood regulation services—A case study in Shanghai. Ecological Indicators, 106: 105544.

Shoemaker D A, BenDor T K, Meentemeyer R K. 2019. Anticipating trade-offs between urban patterns and ecosystem service production: Scenario analyses of sprawl alternatives for a rapidly urbanizing region. Computers, Environment and Urban Systems, 74: 114-125.

Shrestha S, Cui S, Xu L, et al. 2021. Impact of land use change due to urbanisation on surface runoff using GIS-based SCS-CN method: a case study of Xiamen city, China. Land, 10(8): 839.

Sidharthan R, Bhat C R. 2012. Incorporating spatial dynamics and temporal dependency in land use change models: spatial dynamics and temporal dependency. Geographical Analysis, 44(4): 321-349.

Soulis K X, Valiantzas J D. 2012. SCS-CN parameter determination using rainfall-runoff data in heterogeneous watersheds—the two-CN system approach. Hydrology and Earth System Sciences, 16(3): 1001-1015.

Stürck J, Poortinga A, Verburg P H. 2014. Mapping ecosystem services: the supply and demand of flood regulation services in Europe. Ecological Indicators, 38: 198-211.

Su S, Xiao R, Jiang Z, et al. 2012. Characterizing landscape pattern and ecosystem service value changes for urbanization impacts at an eco-regional scale. Applied Geography, 34: 295-305.

Tobler W R. 1970. A computer movie simulating urban growth in the Detroit region. Economic Geography, 46: 234.

Tong X, Feng Y. 2020. A review of assessment methods for cellular automata models of land-use change and urban growth. International Journal of Geographical Information Science, 34(5): 866-898.

van Asselen S, Verburg P H. 2013. Land cover change or land-use intensification: simulating land system change with a global-scale land change model. Global Change Biology, 19(12): 3648-3667.

Veldkamp A, Fresco L O. 1996. CLUE: a conceptual model to study the conversion of land use and its effects. Ecological Modelling, 85(2-3): 253-270.

Verburg P H, Chen Y. 2000. Multiscale characterization of land-use patterns in China. Ecosystems, 3(4): 369-385.

Verburg P H, Overmars K P. 2009. Combining top-down and bottom-up dynamics in land use modeling: exploring the future of abandoned farmlands in Europe with the Dyna-CLUE model. Landscape Ecology, 24(9): 1167.

Verburg P H, Schot P P, Dijst M J, et al. 2004. Land use change modelling: current practice and research priorities. GeoJournal, 61(4): 309-324.

Verburg P H, Soepboer W, Veldkamp A, et al. 2002. Modeling the spatial dynamics of regional land use: the CLUE-S model. Environmental Management, 30(3): 391-405.

Wan S, Goudos S. 2020. Faster R-CNN for multi-class fruit detection using a robotic vision system. Computer Networks, 168: 107036.

Wang J, Lin Y, Glendinning A, et al. 2018a. Land-use changes and land policies evolution in China's urbanization processes. Land Use Policy, 75: 375-387.

Wang P, Zhang L, Li Y, et al. 2018b. Spatio-temporal variations of the flood mitigation service of ecosystem under different climate scenarios in the Upper Reaches of Hanjiang River Basin, China. Journal of Geographical Sciences, 28(10): 1385-1398.

Wu Y, Zhang X, Shen L. 2011. The impact of urbanization policy on land use change: a scenario analysis. Cities, 28(2): 147-159.

Xiao B, Wang Q H, Fan J, et al. 2011. Application of the SCS-CN model to runoff estimation in a small watershed with high spatial heterogeneity. Pedosphere, 21(6): 738-749.

Xing W, Qian Y, Guan X, et al. 2020. A novel cellular automata model integrated with deep learning for dynamic spatio-temporal land use change simulation. Computers & Geosciences, 137: 104430.

Xu C, Rahman M, Haase D, et al. 2020a. Surface runoff in urban areas: the role of residential cover and urban growth form. Journal of Cleaner Production, 262: 121421.

Xu D, Ouyang Z, WU T, et al. 2020b. Dynamic trends of urban flooding mitigation services in Shenzhen, China. Sustainability, 12(11): 4799.

Xu Q, Zheng X, Zheng M. 2019. Do urban planning policies meet sustainable urbanization goals? A scenario-based study in Beijing, China. Science of the Total Environment, 670: 498-507.

Yang Q, Li X, Shi X. 2008. Cellular automata for simulating land use changes based on support vector machines. Computers & Geosciences, 34(6): 592-602.

Yang X, You X Y, Ji M, et al. 2013. Influence factors and prediction of stormwater runoff of urban green space in Tianjin, China: laboratory experiment and quantitative theory model. Water Science and Technology, 67(4): 869-876.

Yao L, Wei W, Yu Y, et al. 2018. Rainfall-runoff risk characteristics of urban function zones in Beijing using the SCS-CN model. Journal of Geographical Sciences, 28(5): 656-668.

Yu H, Zhao Y, Fu Y. 2019. Optimization of impervious surface space layout for prevention of urban rainstorm waterlogging: a case study of Guangzhou, China. International Journal of Environmental Research and Public Health, 16(19): 3613.

Zeng Z, Tang G, Hong Y, et al. 2017. Development of an NRCS curve number global dataset using the latest geospatial remote sensing data for worldwide hydrologic applications. Remote Sensing Letters, 8: 528-536.

Zhang B, Xie G, Zhang C, et al. 2012. The economic benefits of rainwater-runoff reduction by urban green spaces: a case study in Beijing, China. Journal of Environmental Management, 100: 65-71.

Zhou F, Xu Y, Chen Y, et al. 2013. Hydrological response to urbanization at different spatio-temporal scales simulated by coupling of CLUE-S and the SWAT model in the Yangtze River Delta region. Journal of Hydrology, 485: 113-125.

Zhou J, Jiang S, Mondal S K, et al. 2022. China's socioeconomic and CO_2 status concerning future land-use change under the Shared Socioeconomic Pathways. Sustainability, 14(5): 3065.